钦州学院学术著作出版资助基金资助项目

现代包装设计
理论与实践

周作好 著

西南交通大学出版社
·成 都·

图书在版编目（ＣＩＰ）数据

现代包装设计理论与实践 / 周作好著. 一成都：
西南交通大学出版社，2017.5
　ISBN 978-7-5643-5393-3

　Ⅰ. ①现… Ⅱ. ①周… Ⅲ. ①包装设计 Ⅳ.
①TB482
　中国版本图书馆 CIP 数据核字（2017）第 083481 号

现代包装设计理论与实践

周作好　　著

责 任 编 辑	杨　勇
封 面 设 计	原谋书装
	西南交通大学出版社
出 版 发 行	（四川省成都市二环路北一段 111 号
	西南交通大学创新大厦 21 楼）
发行部电话	028-87600564　028-87600533
邮 政 编 码	610031
网　　　址	http://www.xnjdcbs.com
印　　　刷	四川森林印务有限责任公司
成 品 尺 寸	170 mm × 230 mm
印　　　张	14
字　　　数	250 千
版　　　次	2017 年 5 月第 1 版
印　　　次	2017 年 5 月第 1 次
书　　　号	ISBN 978-7-5643-5393-3
定　　　价	78.00 元

前　言 ◈

随着经济全球化的到来，商品包装的必要性和重要性日益凸显。在经济全球化的今天，只有精美的商品包装和优质的商品才能受到广大消费者的关注和青睐，才能在激烈的市场竞争中稳操胜券。随着我国经济的持续发展和人们生活水平的不断提高，人们的审美观念在不断地变化，人们对生活的追求也开始多样化和丰富化。这势必对作为产品外衣的包装设计提出了更高的要求。一名包装设计师就应该敢于走新路，敢于突出自己的独特个性，不断地去探索和发现新的包装设计语言。

本书从理论和实践两个角度来阐述包装设计：理论篇从古代包装的历史嬗变、包装设计的概念及功能、包装设计的材料、结构与造型、从草图到成品的包装设计过程、包装图文设计与印刷制作工艺等方面对产品包装设计进行了论述，并探讨了一些与包装设计有关的问题；实践篇则从创意包装设计方案与教学实践两个方面来进行优秀设计作品的解读和阐释，希望通过对这些作品语言的学习来提高我们对包装设计的再认识。

在撰写此书的过程中，编者得到很多人的支持与帮助。感谢钦州学院科技处给予的出版经费支持！感谢西南交通大学出版社郭发仔社长对本书的付梓给予的大力支持！感谢所有关心、爱护我的家人和朋友！在此对他们的帮助与支持致以深深的谢意！由于水平所限，缺憾与不足在所难免，敬请专业同行与读者不吝指正！

2017 年春于钦州

目 录 ◈

实践篇

一、古代包装的历史嬗变

包装设计的历史久远，可以追溯到远古时期，随着历史的进程，包装的演变色彩纷呈，表现出丰富多彩的内容和样式。

（一）古代包装的概念范畴

宏观上来讲，包装品，顾名思义是包裹和盛装物品的用具，因此，广义的理解，凡日用品和工艺品的盛装容器、包裹用品以及储藏、搬运所需的外包装器物，都属于包装品。如是，古代许多盛装食物、水酒、生活用品的包装容器，如编织物、木制品、陶瓷器、青铜器，只要是使用，而不是纯粹为了摆设、观赏，就都应属于包装品。但这样一来，包容范围就太广了，几乎可以囊括带实用性的工艺品，像盛水的陶罐、装酒的铜壶、置衣服的木箱、放针线的竹篮等，这似乎会淹没包装品所独具的特性。狭义的理解，包装品应兼具附属性和临时性两重特性。它是被包装物品的附属物，两者可以分离，并带有临时使用性质，用毕可以抛弃（当然也允许保留）。因此，一般的容器、盛器不应包括在内，如盛水、装酒、放食物的器皿等。它的主要用途，是使被包装物在保存、运输、使用过程中不受或少受损伤，以及便于运作，像捆扎物、包裹品、外装匣等，即属于典型的包装品。诚然，广义和狭义之界限并非泾渭分明，而呈一定的模糊性和相对性，有些容器也可视为包装品，如装首饰的漆奁、盛佛经的经匣、置砚台的砚盒等，它们往往与被包装物合而为一，虽是附属物却不具临时性，也不宜抛弃。

（二）古代包装的特征

从历史发展的角度来看，人们对自然界认识水平的提高和科学技术的进步对我国传统包装的发展起着决定性的作用。现代包装无论是从包装的目的，或者材料的选择，亦或造型的确立，还是在结构的处理上，均应以保护商品、便于流通为目的和宗旨，古代包装也不例外，简易、经济、实用是它一直以来所坚持的原则。在中国古代，乃至近现代，由于社会经济以自给自足的小农经济为其主要形式，商品经济极不发达。在这种经济背景下，包装在设计的宗旨、风格等方面以实用为基调，以保护商品为目的，力求简易、经济和实用。这种实用性表现在研究选材的方便性时，一般是就地取材，不对材料进行深加工；在包装物的制作中，无论是内包装，还是外包装，都注重技术上的简单性。这方面的例子很多，如流传至今的粽子的包装，其简单做法就是用箬叶扎以彩线包裹糯米。

古代包装虽然不是特别追求造型的独特性和装饰的繁复性，但无论是造型，还是装饰，均深深地根植于中国传统文化之中。从现存实物来看，我国新石器时代的包装就体现了吉祥文化思想的物化特征。如西安半坡及临潼姜寨出土的新石器时代彩陶纹样中的鱼纹，就有双鱼联体、三鱼联体、一体二头、鱼腹中藏人、鱼鸟相连等多种形式，还有人首鱼身的"人面鱼纹"。这类鱼纹被大量运用到作为包装容器的器物上，实质上都是原始先民用以寄托氏族子孙繁衍昌盛和赖以生活的物质资料年年有余的吉祥纹样。

但是，由于物产的地域差异以及文化差异等因素的影响，古代包装的用材与装饰艺术不可避免地受到了制约，从而导致古代包装在上述特征的基础上形成了明显的地域差异。各地自然条件的不同，导致了物产品种的季节性和地域性差别，这种差别使得用作包装的材料在同一地方有季节性不同，在不同地区有地域性差异。如以前者来说，南方农村地区的粑粑，因季节不同分荷叶、芭蕉叶、粽叶、桐树叶等多种包装；后者来说，如文献记载，古代盛酒的容器有的地方用竹筒，有的地方用陶器，有的地方用瓷器。而地域文化的不同，对于包装的影响，则不仅反映造型上，而且体现在装饰方面，如书画艺术、吉祥图案的运用在各地便各有千秋。之所以如此，根本点在于中华民族五千年的文明历史进程中，不同民族、不同地域所造成的生活习俗和文化差异，逐渐形成了不同的审美情趣，引发了精彩纷呈和各具特色的文化风格和包装艺术样式。

（三）古代包装器物概览

"包装"一词，就其字面本意来看，"包"有包裹、包扎、容纳的意思，"装"有填放、装饰、样式之意。作为名词，它是指商品流通过程中，为了保护产品，方便运输而采用的储存和保护物品的容器；作为动词，则是指为了完成上述目的而采用的一定技术方法的活动行为。包装的出现，是人类社会发展的必然产物。伴随着中华民族悠久的历史，我国的包装同样经历了由原始到文明、由简易到繁荣的发展进程。

远古时代，我们的祖先由简单利用植物叶、枝条、兽皮包裹物品发展到编制筐、篮等用来储物。如浙江钱山漾新石器时期遗址出土的丝织品，正是被装在竹筐之中，这说明竹筐在当时已成为一种包装。另外随着纺织、缝制技术的掌握，以袋囊作为包装，也在广泛使用。《易·坤卦·爻辞》载："括囊，无咎无誉。"囊即口袋，括为扎上口袋口，要想平安，就要像扎上口袋那样保持嘴上的沉默；它从另一个角度反映出袋囊作为包装使用的普遍性。

陶器可称得上是原始人采用的第一种人造包装物。在陕西西安半坡村仰韶文化遗址中，曾经出土过一种尖底陶罐，陶罐呈纺锤形，使用时直接将其插在泥土中，而不至于倾倒；系绳子的双耳处于罐身偏下，打水时陶罐会自动下沉，因重力的作用，水灌满后会倒掉一点，陶罐也会自动竖起，陶罐表面刻有纹路或彩绘，其造型艺术性与实用功能性达到了近乎完美的程度，可以说这已经是一种相当完美的设计。从包装角度看，它有着重要的意义。一方面它可以储存水、酒、食物，成为重要的包装容器；另一方面，陶器上的各种纹饰，实际反映了当时流行的各类包装形式。在陶器产生前，人类早已熟练掌握用绳技巧和各类筐篮的编制及纺织技术，所以在陶器制作过程中，人们用绳固定陶坯，待陶器烧制完成后，绳纹就会留在陶器上，慢慢演变，最终就由基于实用而存在变成了一种装饰纹样，大量出土的陶器碎片上所印席纹、绳纹、纺织物纹样可以充分地证明这一点。

陶瓷生产到宋代发展到顶峰，宋代以五大名窑驰名中外，在制作这些瓷器时，以模仿生活中的各种包装原型进行创作，仍然是设计中的一个重要题材，如宋白釉刻网纹缸对竹篓运输包装的模仿等。这些模仿，真实再现了生活中的某些包装。瓷器的大量生产必然促进瓷器运输包装的进步。北宋《萍洲可谈》明确提出瓷器包装要"大小相套，无少隙地"的包装方法。在承袭传统包装的同时，旧的包装方法也在不断地完善和成熟，例如瓷器的包装。瓷器怕磕易碎，如何减少磕碰就成为包装中的首要问题。经过历朝历代的不断改进，在明代已形成完善的包装方式。时人沈德符在《敝帚轩剩语》一书中作了记载：在包装时"每一器内纳沙土及豆麦少许，叠数十个辄牢缚成一片，置之湿地，频洒以水，久之豆麦生芽，缠绕胶固，试投牢硌之地，不损破者始以登车"。这说明当时的瓷器包装已采用了衬垫、套装、捆扎等多项减缓磕碰的技术，比起过去使用单一的包装方式要先进成熟了许多。

　　青铜器可以说是人类科技与艺术史上一个突破性的飞跃。青铜器是红铜加锡或铅的合金材料，具有熔点低、硬度强、铸造性好、化学性稳定的特点，因此得以完整地保存到今天。从夏朝开始，历经商、西周、春秋、战国，直至秦汉时代，青铜器的艺术性与技术性达到了很高的程度。作为礼乐与宗法制度的物化形式，虽然历来是阶级政权和神权的象征，但它依然没有完全脱离人的饮食生活，特别是春秋中期到战国时代，青铜器已经从商周时期的神圣化和礼制化向人间的生活化复归，这从历来出土的青铜酒器、食器、水器等器物中便可以看出。无论它们是用作祭祀，还是作为生活存储所用，这都可算是最为昂贵的包装了。

　　漆容器可称得上是历史上最富有包装特征的容器形式之一。从战国时期开始，漆容器逐步代替青铜器成为日常生活的主要用品。到汉代，漆容器已经形成体系，品种繁多，器形丰富，如漆盒、漆奁等；另外，还有一种多子盒，是在大的漆盒中设置多种不同形式的小盒，利用不同的形制放置不同的物品，既节省空间，又美观协调。这里值得强调的是，漆盒的出现已经具有了真正意义的包装功能。漆容器具有坚固、耐酸、防腐的功能，便于储藏；同时，它体态轻便，便于运输；另外，它还便于装饰，色泽光润、美观大方。战国、秦汉时期，社会百业、百艺的兴盛，使得包装也得到了长足的发展。长沙马王堆出土的丝绸包双层九子奁，详尽展示了漆奁的包装形式。汉代的漆器梳妆包装，胎体更为精薄，为防盒口破裂，多以金、银片镶沿，这样既增加强度，又显得富丽，如彩绘长方漆盒。此外，竹、藤、苇、草等多种植物枝条编制的包装继续发展，多成为大宗物品的包装，如马王堆汉墓用于盛装丝织品、食物、药材的竹笥等。漆器包装在沿用了几千年后依然经久不衰，历朝的漆器包装展示着不同的风格特点，如明代的漆类包装以北京官做"果园厂"最为著名，漆器包装因其制作复杂，工艺精致，故多用来收储珍贵之物和精美文玩，如盛装明皇室家谱的"红漆戗金'大明谱系'长方匣"，盛放小件珍玩的"剔红花鸟纹二层提匣"等。明代妇女的梳妆包装，仍采用传统的包装形式，如定陵墓中孝端皇后的梳妆用品即采用漆盒这种包装，同时漆盒内还套装盛有各类梳妆用品的小盒，如青花瓷胭脂盒等，这种组合套装的形式与汉代马王堆九子漆奁的包装有着异曲同工之处。

造纸术与印刷术的发明，使包装得到了更为广泛的发展与应用。自东汉蔡伦发明造纸以后，到了东晋时期，南方各地造纸业已相当发达，也已开始被广泛应用。另外，隋唐时期出现雕版印刷，宋代毕升发明了活字印刷术，也使印刷业出现了质的飞跃。批量化复制的技术成为可能，也使得具有商业性质的包装得到推广。作为纸制印刷包装，最早主要是作为广告而出现的。我国现存最早的印刷广告实物——北宋济南刘家针铺的广告铜版雕刻，图文并茂，既可作包装之用，又起到广告宣传的用途。这种包装纸的设计，集字号、插图、广告语于一身，已经具备了与现代包装相同的创作理念。

唐代佛事活动的蓬勃兴盛，产生了独特的宗教包装类别。这类包装用材考究，纹饰突出宗教色彩，整体风格庄严、神秘。其中尤以佛舍利包装最为重要，在包装上采用多层组合形式，以示对神层层保护，如铜棺的组合包装。宗教类包装在注重功能的前提下，更多阐释了人对神的敬重及祈求保护的心理。另外，唐朝统治阶层崇尚金银，因而造型别致、纹饰精巧的金银器包装大量出现，普遍使用錾花、焊接、刻凿、鎏金等工艺方法，包装装潢上传统龙凤题材与宝相、缠枝花卉及鸟兽巧妙穿插结合，如银粉盒的加工技法与纹饰。明代佛教盛行，刊印的大量佛经多用锦缎装裱封面，且每十卷分为一包，采用丝织品包裹的方式。

值得一提的是，历史发展进程中少数民族包装可谓独具特色。少数民族建立的政权，在包装上除秉承传统包装之外，还表现出具有自己民族特色的风格。皮囊类包装即为一例，这种包装是马背上的民族利用草原上丰富的皮革材料而制作的袋囊。辽代的"绿釉马镫壶"，即是这种包装形式。皮囊类包装以其耐磨、抗冲击、携带方便等优点而深得草原人民喜爱。如元代的军队，每骑必携皮囊盛装军需或给养，渡河之时，囊系马尾，人在囊上，这是皮囊作为包装在军事活动中的反映。元代还用皮囊盛储湩酒（马奶酒），这种被称为"浑脱"的包装，宫廷内宴也在使用。

回顾包装的历史不难看出，包装的发展过程与人类社会的发展有着密不可分的联系，它可以折射出同时期的社会形态、经济状况及人文风俗的变迁趋势，而成为一种社会文化的缩影。传统包装是历史上人类生活智慧的结晶，虽然在近代科技发展的影响下已无法再现往日的辉煌，但因其自然、纯朴以及所具有的历史文化感，仍然深受现代人们的喜爱。细细品味，我们会发现这些优秀的历史遗留对于我们今天的包装设计仍然具有生态学、哲学、伦理学、美学以及材料学、力学、造型学等各方面的借鉴与启发。

辽代包装器物艺术特征研判

契丹人长期以车马为家，逐水草而居，自北魏始与中原王朝在政治、经济、文化方面往来连绵不绝，并与中亚、西亚诸政权也有交往，形成了其所创造的文化和包装艺术的独特性。辽代包装器物以契丹少数民族传统的文化背景为根底，包装器物在满足实用功能的同时，积淀了一定的社会价值和内容，其器物形式是对外在自然的高度凝练和升华，具有极高的审美价值。

纵观我国包装器物的发展历史，中国古代对包装器物艺术的实用功能特征是非常重视的。老子提出的"有器之用"和《周易》提出的"备物致用"，都同样强调器物的实用性，并始终贯穿于中国器物艺术发展历史之中。辽代包装器物亦是如此。宗白华先生在《艺术与中国社会生活》中讲道："中国人的个人人格、社会组织以及日用器皿都希望在美的形式中作为形而上的宇宙秩序与宇宙生命的表征。"同理，担负着特定功能的辽代包装器物在某种特定的情境下传达着无边的深意，其意义远非简单的实用器具可比。

辽代包装器物的功用、造型和装饰并非对过去模式的全盘借用和抄袭，而是遵循当时当地人文地理环境的要求，并且反映了辽代契丹民族的哲学思想、人文理想和社会审美观念。从辽代包装品的发展演变来看，辽代包装器物本身显示出一定的发展规律和艺术特征。

一、辽代包装器物的艺术功能流变

契丹民族特有的世界观以及契丹民族人民认识和改造大自然水平的提高，使得其包装器物在注重实用功能的同时，精神性功能特征亦得以加强和体现。

一个民族的社会经济和生活方式会对其包装器物的发展起到决定作用。契丹民族的商品经济不够发达，在这种经济背景下，其包装器物在设计的宗旨、风格等方面均以实用为基调，以保护商品为目的，力求简易、经济和实用。在包装选材的方便性和加工技术方面以能达到包装目的为标准，同时，由于物产自然条件的地域差异性以及文化差异性等方面的影响，辽代包装器物的选材与装饰艺术具有明显的地域特色。敬畏天地是北方草原游牧民族主要的精神支柱，他们对于天地的崇敬之情发自心底、代代相传，成为一种习俗。契丹民族酷爱自然，对空间概念有着独特的理解。契丹人眼中的天和地组成一个无始无终、循环往复的世界。这种对于自然空间的态度决定了他们对自己所使用包装器物的态度，简单、便捷、实用的器物造型对于他们来说是别无选择。他们敬畏自然，顺应自然，其包装器物也表现出自然朴素实用的风格特征。契丹民族对包装器物实用功能的注重与其游牧经济的文化模式密不可分，"逐水草而居"的游牧经济文化必然会受到自然条件的限制，司空见惯的迁徙使他们生活的地域极不稳定，这也使得辽代包装器物首先必须满足实用功能的需要。

当然，辽代包装器物艺术的功能特征，除了实用性功能外，还有其精神性功能。其包装器物的精神性功能之中亦包含艺术的审美功能。《易传》中的"形而上者谓之道，形而下者谓之器"，认为道和器两者是相互平行、相互依存的关系。辽代包装器物之道正是一种相对于有形包装实体的无形的、抽象的、本质的少数民族精神意念。具有民族特色的契丹民族包装器物既能容物，又能载道，充分体现了辽代包装器物既注重实用性，又注重精神性的功能特征。

包装器物首先是一种物质产品，它涉及人的物质生活的各个方面。随着辽代社会经济的发展、契丹人民生活需求的不断提高，以及民族文化艺术交流的发展，辽代包装器物要与当时人们的物质生活水平相适应，要能够满足当时人们对生活的新的需求，就必须要采用当时最新的科学技术成果，采用最新的材料、最新的生产方式和工艺水平，并通过艺术的表现，转化为新的物质产品。而辽代包装器物艺术作为技术和艺术相结合的产物，在满足人们物质生活享受的同时，通过器物本身的造型、装饰、色彩和材质构成等艺术形象给人们的精神生活带来美的享受，不断充实和丰富着少数民族人们的生活。如辽代特有的鸡冠壶，在满足契丹人们生活所需的同时，也表现出契丹民族对游牧生活的热爱和少数民族特有的审美意识。现藏故宫博物院的辽代绿釉马镫壶（此壶亦称皮囊壶），高29厘米，口径6.1厘米，黄灰色瓷胎，通体施绿釉，壶上部一侧圆口，扁腹上窄下宽，圈足。壶上部穿孔处有两只活泼可爱的小猴攀缘其上，寓意"马上封侯"。四角边缘饰圈点纹，表现皮线缝合的效果，外壁刻缠枝牡丹纹。此壶直接仿制于皮囊壶，做工精细、仿制逼真，由此壶可以看出辽人在注重包装器物的实用功能之余，精神性功能亦得到加强和体现。

二、辽代包装器物体现的北方游牧艺术特征

契丹民族生活区域和经济文化模式的独特性，使得辽代包装器物无论在材料选择、器物造型还是装饰上，都表现出浓郁的少数民族风格特征。

北方游牧民族具有一种"唯我独尊"的文化心态，这是在草原文化与农业文化的长期对立、抗争中生长、培育起来的，是草原游牧的生产、生活方式在精神心理上的文化结晶。契丹民族人民的天命观念来源于自然崇拜，是自然崇拜升华为对民族的或个人的命运的文化意识的观照。契丹民族是流动性极强的民族，生活的不断变动与迁徙，养成了契丹民族独有的辩证思维能力，在与其他民族尤其是汉族的碰撞、交流与融合中，其辩证思维能力不断得到提高与深化，并把它应用到社会生活的各方面。游牧经济文化背景下的辽代包装艺术也自然带有浓郁的少数民族风格特征。

从古代的制器选材中，我国古代的制造实践就已经形成了一种放弃个性表现去换取器物的功能要求和材料技术两相权衡或平衡的准科学传统。其造物方法也是古代思想中遵循自然规律，与自然和谐发展，并依照自然事物来调整制作方法、运用已有的经验和见识来合理利用资源的表现。在这种造物方法中，人一开始就没有把超越自然当作自己的追求目标，而是尽己所能地去跟随自然，并使自己的所作所为符合于自然，相宜于自然。辽代包装材料种类繁多，决定材料的选用与否以及衡量材质高下的标准主要是依其性能的优劣和存量的多寡，只有那些能够满足辽人生活所需的材料才能被选择实用。包装器物所采用的材料是构成其设计语言的重要物质技术条件，不同类型的器物由于选用材料的不同，其造型和装饰艺术风格也有很大的不同。《考工记》说："审曲面势，以饬五材，以辨民器。"就是强调要注重观察材料的特性，善于利用材料，制作器物。包装器物艺术语言的创造，离不开器物的材料选择。契丹人在制作包装器物时，从其生活方式出发，合理选择符合游牧生活所需的材料，创造了深具特色的包装艺术。从考古出土实物来看，辽代包装器物所用材料有动物皮、桦树皮、陶瓷、琥珀、玉、金银等。如契丹民族崇尚琥珀，用琥珀来装点生活，辽代琥珀器中亦不乏琥珀包装品。这类琥珀制品包装集装饰和实用功能于一体，小巧玲珑，通常系挂于蹀躞带上，随身携带。腹腔或作不规则的圆形，较浅，或为深达7厘米左右的小圆腔，可能是装香料、胭脂或针之用。辽陈国公主幕中出土的琥珀包装盒较多，有双鱼盒、鸿雁盒、鸳鸯盒以及一件瓶形容器等，如双鱼佩盒系双鱼形，双鱼分别由两块琥珀雕成，以子母口扣合。

辽代包装器物造型及装饰和科学技术之间的关系是相辅相成、相互制约、相互促进的。包装器物，首先是一种物质产品，同时又起到美化人民生活、陶冶人民情操的作用。一个时代的器物造型和装饰，要采用当时最新的科技成果，采用最新的生产方式和工艺水平，才能创造出与人们的物质生活水平相适应，又为人们乐于接受的器物艺术形象。并且，一件器物，当其采用的制作方法、手段、技艺很好地适应了器物功能的需要，并使器物从造型和装饰上体现了很高的艺术审美价值，那么这种工艺就是美的，这种工艺美也就成为器物整体美的一个有机部分。器物造型和装饰永远是伴随着物质生产进行的，辽代出现的新科学、新工艺、新技术、新材料，给辽代包装器物带来新的品类、新的造型、新的装饰，产生出新的艺术风格。我们可以通过观察包装器物推测出使用器物者当时的生活形态，契丹民族所使用的颇具"胡气"的包装器物造型风格是在当时多民族文化的交汇中，根据契丹民族的审美趣味和长期流动的生活方式所选择的一种历史必然，其装饰风格也是对游牧民族生活方式的反映。

中国历代包装器物的造型艺术都讲究虚实空间相生，其造型的艺术特征和艺术风格更偏重于造型空间的空灵感和虚无感的追求。辽代包装器物艺术是三维空间的艺术塑造，其器物设计语言丰富多样，包装材质的不同、器物造型和装饰手法的不同，也为我们了解辽代包装器物艺术提供了物质基础。

三、民族交流的艺术结晶

随着经济的发展、文化交流的扩大和契丹民族意识形态的进步，契丹民族包装器物在具有鲜明的少数民族艺术特色基础上，表现出一定的汉族文化风格特色，并在一定程度上影响和充实了中原包装艺术。

从我国包装器物的发展来看，每个时代包装器物造型风格的形成都与当时文化的发展有密切的联系。一个时代的文化氛围，是那个时代包装器物造型发展的土壤；一个时代的包装器物造型，又能够反映出那个时代文化的面貌。契丹民族"逐水草而居"，这种特殊的生活方式使这个民族充满生气、充满活力、不拘一格，善于吸收异质文化；但也因为这种特殊的生活方式，使其难以形成深厚的文化传统，因而当它与具有极强凝聚力、同化力的农业文化相融合时，成为中华文化的一个组成部分。在与汉族文化艺术的交流和发展过程中，辽代包装器物在材料、造型和装饰等方面深受汉族包装艺术影响，表现出一定的汉族包装艺术风格特色。

辽包装之所以为辽包装，正因为它具有游牧民族特有的豪迈粗犷，充满着生命的活力。正当中原文化萎靡不振时，由于不断受到边疆文化的冲击得以振作再生。辽包装之特点正可以弥补同时期北宋精致文化的缺失。许苏民先生在其《文化哲学》一书中指出："北方草原文化与农业文化的不断碰撞交流，北方诸民族在中华历史行程中多次大规模地进入中原农业地区，进入中国封建社会范畴，不断地为汉族输入新的血液，使汉族不断壮大，同时又增加了新的多元因素。"同样，汉族文化也融合并充实了契丹民族包装艺术，正是这民族之间的双向交流，给我国古代包装艺术不断注入新的血液、新的因素，使我国包装艺术不断获得生机勃勃的活力。契丹民族文化不断地与商度发达的汉族农业文化相融合，既改造与促进了契丹民族的包装器物艺术的迅速发展与质的飞跃，也给中国古代包装艺术注入新的元素。正像高丰在《中国器物艺术论》中所讲："以汉民族为主体的中国古代器物艺术，在其民族风格形成和发展过程中，也融合了其他少数民族民物艺术的风格，尤其是北方的游牧民族，在其统治全中国的时代里，以其特有的民族文化和民族审美好尚，影响和充实了中国古代器物艺术的民族风格。"从装酒包装容器梅瓶的发展来看，梅瓶自创制以来，主要是作为实用性的盛酒器存在的。蔡毅先生在其《关于梅瓶历史沿革的探讨》中提出"梅瓶北方起源说"，认为宋瓷梅瓶起源于辽代契丹民族生活的广大北方地区，梅瓶的前身是契丹人创造的鸡腿瓶。他还进一步提出"梅瓶逐渐南传说"，认为辽代用于装水、装酒、形体修长的鸡腿瓶向中原传播，促使中原地区出现了用于盛装水、酒的梅瓶。从考古资料来看，此两种观点是有其历史依据的。辽代梅瓶在器形上具有自身的民族风格，而宋代梅瓶的整体气质统一，是汉文化背景下产生的器物，是与当时社会需要和审美风尚相结合的。这也充分说明辽代包装器物对中原包装产生的影响。

总而言之，与尚农、务实、要求稳定安居的农业民族文化心态不同，北方游牧民族由于生活的迁徙性、变动性而形成生活俭易、民风淳朴的习性，且有其不同于中原文化的生活价值观念和道德传统。在这种文化背景下产生发展的辽代包装器物艺术本身体现出农业文化与草原游牧文化的双重特点，具有正统宗法观念与粗犷豪放性格的双重意识，表现为中原农业文化与北方草原文化的双向交流激荡，呈现出在文化气质、思想观念以及艺术审美方面的独特风貌。辽代包装器物是契丹民族正确认识本民族文化、重新认识自然、重新认识人与自然之间关系的一场社会哲学思想领域的深刻革命，充分体现出契丹民族伟大的创造力。这也表明契丹民族在坚持经济、实用这些法则之上，还具有独立于它们之外的民族文化价值，是契丹民族不肯放弃自身文化认同、民族认同、人格认同的有力物证。

二、现代包装设计的概念及功能

现代社会，人们对"包装"这一概念再熟悉不过了，每一个人每天都在有意或无意地接触到各种各样的商品包装，这形态各异、五彩缤纷的包装则都无言地争夺着人们的眼球。同时，随着人们观念的变化，对"包装"的内涵也都进行了动态的理解与扩延，不但商品可以包装，连人也可以包装。"包装"一词已经远远超出了它基本的传统含义。但是无论其怎样表达，其本质都是相同的，那就是无论人还是物，在进入市场之前都要进行有针对性的设计。俗话说"佛要金装、人要衣装"，更何况是当今社会无处不在的商品。

（一）包装设计的概念

就现代商品包装设计而言，它是为了便于产品运输、储存和销售而对其进行的艺术和技术上的处理。包装的核心是产品，好的"包装"不仅要实现最合理的表现形式，而且还要吸引消费者的视线、打动消费者的心，以实现市场流通的竞争。同时，在现代社会环境日益恶化的情景下，它还要有最大化的环保意识。可以这样说，包装无论其外观还是内蕴，都应体现出实用和审美、物质与精神、人与社会、自然的和谐统一。

对于包装的定义，不同国家、不同时期有不同的解释。美国《包装用语集》对包装的定义为："包装是为产品的运输和销售所做的准备行为。"英国的《包装用语》对包装的定义是："包装是为货物的运输和销售所做的艺术、科学和技术上的准备工作。"加拿大对包装的定义为："是将产品由供应者送至顾客、消费者而能保持产品于完好状态的工具。"日本《日本包装用语词典》对包装的定义为：包装是使用适当的材料、容器而施以技术使产品安全到达目的地，即产品在运输和保管过程中能保护其内容物及维护产品之价值。我国《包装运用术语》对"包装"一词的解释是："为在流通过程中保护产品、方便运输、促进销售，按一定技术方法而采用的容器、材料及辅助物等的总称，也指为了达到上述目的而采用容器、材料和辅助物的过程中施加一定技术方法的操作活动。"而现代包装，按照学者们的理解，是指十九世纪中期英国工业革命以后，以机械化大批量生产和安全存储、运输商品，而进行的引导消费、促进销售、满足人们对商品包装的自然功能与社会功能需要的设计活动。虽然每个国家和地区对包装的定义略有差异，但都是以包装的功能为核心内容的。

总之，包装就是为了保护商品，便于商品运输，并且促进商品销售的综合行为，它包含有技术和艺术的成分，是商品由生产到销售实现其价值的中间转化过程，是提高商品价值的一种手段。

概念延伸：现代包装设计的表现形态

1. 奇妙的果壳世界

有人说："自然是最伟大的包装设计师。"大自然万物形态各异，千变万化，任何一种自然的生命体都存在于包裹与被包裹的关系中。如我们生活的地球，之所以成为人类最适合生存的空间，就是因为存在着完美的包裹结构：大气层包围着地球，阻挡着来自宇宙外界的有害辐射，并使氧气与水分得到充分的保证，从而使人类与其他动植物得以繁衍生息，这可称得上自然界最大的"包装"。其实，大到地球以外的宇宙空间，小到自然界中最简单的基本粒子，都具有这样的包裹形式。这些取之不尽的自然形态，也为我们提供着丰富的设计创作灵感。

蛋，其形状与结构是人们最为熟悉与推崇的自然造型之一。蛋外形优美、圆滑，主要由蛋壳、蛋白及蛋黄三部分组成。它坚硬的蛋壳呈椭圆形，表面布满气孔，具有良好的通气功能；而内部的气室可以提供充足的空气；蛋膜包裹着蛋清与蛋黄，蛋清是无色透明的液体，具有缓冲作用，使蛋黄在悬浮状态得到最好的保护。蛋是具有最小体积与最大承受力的椭圆造型，有数据指明鸡蛋的外承受力可达九十千克。其整体结构科学而又严密，可以称得上自然包装的典范。

柑橘，也有完美的包裹形式。柑橘表皮色彩鲜艳、柔软，具有良好的弹性与透气性，能很好地保护内部的果瓣；柑橘皮内膜的植物纤维是由富有弹性的缓冲物质构成，它将果瓣紧紧地包裹起来，并由橘络结合成一个整体，既防止水分蒸发，又保证了果瓣个体形态的完整，是一种软性包装的代表。

豌豆，也是最能体现包装功能的自然形态。豌豆由双瓣外壳包纳果实，果实由吸盘式结合处连接到豌豆室壁上；果实紧密排列，彼此之间留有空气调节空隙。意大利造型艺术家 BRUNO MUNARI 曾经以近代的包装理念对豌豆作过分析，认为它具有最经济性的包装功能。

另外，蜂巢、贝壳、核桃、花生、石榴、莲蓬等各种各样的自然物体，都具有完美的包裹形态。大自然中的一切有机生命在"自然之手"的作用下，为了生命的要求形成了完美的结构与造型关系。在自然进化的作用下，每一种物体从外部造型到内部结构、从功能特性到实用技能都进行着充分的演变。而这些有着完美外观形态与机体功能的自然之物，对我们包装设计来说无疑都具有"形态学"意义上的研究价值。

从自然形态中吸取创意的灵感，将有助于我们创造更为丰富的设计造型。自然形态的启发，也将会使我们未来的包装设计之路更为宽广。

2. 原始的包裹形式

人类要生存就需要通过劳动生产、收集、存储必需的生活物资，那么采用什么方式来包装、转移物资呢？这就是包装设计的起因。其实人类远古时代就已经出现了包装的雏形。依靠对大自然"包装现象"的理解，人类发现了"将某种东西围拢、包裹起来，以起到保存或保护"的功能。于是，包装便在人类社会中应运而生了。

在包装的发展史上，人类祖先曾用过各种各样的方式和材料来包裹、盛放和运输物品。如植物的叶、皮、茎、藤、果壳以及动物的皮毛、骨、角、肠衣等天然材料，都是当时包装的主要材料。这些自然包装材料在形态、材料上都是极为简便与简单的，就地取材、应用方便、成本低廉、加工简单，其中很多沿袭至今，与现代包装共存，并成为传统文化的一部分。

植物的叶子是应用最方便的包装用材，特别是大的叶子能够充分起到包裹的作用。今天，我们依旧还能品尝到用竹叶或芦苇叶包裹的美食，其中，每年农历的五月初五端午节吃粽子，又成为传统包装在传统文化中最好的体现。另外，柔软的植物枝条、藤条之类对物进行的简单捆扎也是一种自然的包装形式。通过对自然的观察，原始人类将植物纤维有规律地进行联结、编织，得到了轻巧、结实与实用的编篮结构。它们的出现不仅促成了以后纺织技术的产生，同时也成为制陶技术的源泉。

葫芦可以说是最具有中国味道的传统包装。葫芦生长区域广，其适应自然环境的能力强，嫩时可食，成熟后木质化，可做瓶、瓢、匙羹等用具。大自然赋予人类现成的盛器不多，而不论从实用还是审美的角度看，葫芦都可以看作是天赐之作。葫芦的用途非常多，大多与盛、取东西有关。将成熟的葫芦摘下，晒干、掏空，便是很好的包装容器，历史上有大量的葫芦盛水、盛酒、盛药、盛食物的记载。在《水浒传》"林冲风雪山神庙"一回中，就有林冲用葫芦打酒的描述。传说故事中，八仙之一铁拐李的药葫芦、老寿星拐杖上的宝葫芦，原型都来自于民间生活中的真实物品。人类早期的陶器造型有时也模仿葫芦的形状，从中可以看出葫芦在人类生存中的地位和作用。

竹子也是很好的天然包装材料，南方盛产竹子的地区，都有用竹子蒸饭、盛水、盛酒、盛茶的历史。竹筒饭是我国海南黎族的传统美食，竹节青翠，米饭酱黄，香气飘逸，柔韧透口，至今仍是海南的著名风味美食；竹筒茶为圆柱体形，外形光滑，色泽绿润，冲泡后既有茶香，又有竹香。制作方法是将茶装入一定规格的竹筒内，装满捣实，加塞盖好，在竹筒上打孔，利于散发水分，最后慢慢烘烤，直至足干。另外，还有竹桶酒、竹桶鸡、竹桶肉等，数不胜数。正是因为竹子中空的结构、天然的味道、与大自然的亲近，才使人们在生活中对它始终情有独钟。

今天，市场上依然存在着大量的自然材料包装。尽管这样的材料应用在当时还不能称为真正意义上的包装，但从包装的实际含义来看，特别是在倡导绿色设计的今天，它们仍然具有重要的现实意义。

3. 多元化的现代包装设计

现代包装设计是紧随现代社会、现代经济、现代市场而提出的概念。随着现代科学技术的发展，新材料、新技术、新媒体、新功能以及所导致的新观念、新需要，使得包装设计具有了更大的发展空间，也使它具有了更深的社会内涵。

十八世纪欧洲产业革命推动了现代包装的发展。大机器生产的推广，生产技术的提高，新兴材料的应用，以及消费市场的扩大，都为现代包装的发展提供了契机。二十世纪初，经济暂时衰退，购买力下降、产品销售乏力，为了加强行销市场，使得产品包装成为了商家重点研究的对象。到二十世纪六七十年代，包装已成为促进产品销售的新型现代媒体。随后，回收再利用观念的出现，使得降低成本、使用便利成为了包装设计追求的新目标。进入二十一世纪，现代包装设计的趋势已在全球性的环保原则下，从重视功能性、合理性转化为重视人性化方面。无论在材料、结构等技术性上，还是在图文、色彩、编排等艺术性上，现代包装都更加强调在合理性上的个性化、趣味性、文化感等具有亲和力的意味形式。

现代包装设计重视包装机能的改进、包装观念的更新、环保材料的开发、科学化的生产以及包装管理等，强调包装的物理保护性、生理便利性、心理满足性等因素。现代包装设计是人类吸收应用现代科技与文化艺术最有代表性的社会劳动之一，它一方面最大化地实现着商品的价值，另一方面又引导着人们的审美文化品位。为了这些目的，设计师们将一切——社会效益、消费者需求、企业利益——都考虑进来，用自己富有个性的设计思想来赢得人们的认可。

另外，随着市场向集团化超市发展，也导致了产品包装新的设计观念和新的设计形式。在 CI 战略指导下的产品包装已不再是孤立的单体造型、色彩，而是高度统一的视觉系列化设计。统一的标识、统一的专用色彩、标准的骨骼编排形式，使得企业产品包装树立起了高度统一的视觉形象。有人说"包装是无声的推销员"，这在今天的商品社会可以说恰如其分。在现代超市新的销售、管理模式下，包装也已不在于一个"包"字，而是依靠人的视觉、听觉、触觉等各个方面为消费者提供着全方位的产品感受。

一件完美的包装设计在市场销售上的确能起到意想不到的效果，这不禁也让人们想起古代"买椟还珠"的故事。包装设计的发展史是人类社会不断进步的文明史，人类文明前进的每一个脚印都会在包装设计的进程中留下历史的烙印。

（二）包装设计的功能

商品包装有一个重要的原则——功能性原则。人的需要是多层次的，其中既包含着物质的层面，又包含着精神的层面，所以功能概念本身也是多层次的。从最初的保护与容纳功能，到进一步的识别性功能，再到今天的文化审美功能，无论其怎样进化，包装都将始终围绕这些历史使命而发展。作为满足人需要的特性，这些功能成为包装设计的核心概念。有人说，包装是商品的外衣，是商品的推销员，是商品的广告工具，也有人说，包装是商品特色的浓缩、包装本身就是商品，这些都从不同层面指明了包装对于产品的重要性。尽管现代包装发展很快，要求也更高，但是其基本功能是不会改变的。

1. 物理性功能

包装的物理性功能主要反映在包装的技术性能、使用性能和环境性能上，旨在满足人的物质需要，具体体现在它的保护、流通、使用及用后处理等实用的层面。

技术性能主要取决于包装的材料选择与结构设计上。一个完美的包装应首先能够很好地保护、容纳其内容物，以免受到外来损害，如运输、存储中外力冲击后的变形、破损以及日照、高温、湿气、化学反应所带来的变质等。如我们常见的玻璃制品包装或电子类商品包装，一般多采用较厚的纸板，结构以封闭式包装为主，内衬泡沫等填充物，以免商品受损坏；再如各种复合膜的包装，可以在防潮、防光线辐射等几方面同时发挥作用。可以看出，包装的材料、结构在这方面显得十分重要。在包装设计中，如何针对包装物品性质与形态的不同，而选择不同的包装材料与结构，将直接影响到产品的有效保护性。

使用性能主要体现在流通与消费两个方面。一种产品生产出来是要流通的，从工厂到各级销售商，再到消费者，期间产品需要经过无数次的运输、搬运、储藏等，这就要求包装设计应适应这些流通过程。因此，设计应首先考虑到包装后商品的形态、尺寸、重量以及所占的运输空间，以最大化地降低运输成本。其次，包装应在免受外力损害的前提下，做到装卸省力、堆放牢固、携带方便，并且利于货架陈列、橱窗展示以及分类、分售等。产品的最终归宿在哪里呢？在于消费。因此，消费者对产品使用的方便性也是包装功能的又一要求。它体现在产品包装操作方便，以及包装上明确的使用标示、保存方法、注意事项等。

环境性能主要反映在包装与环境的协调关系上。环保意识是现代包装设计不同于传统设计观念的重要方面。随着科技化与城市化的进程，环保已成为人类发展的一件大事。在砍伐与开垦、屠杀与灭绝、污染与破坏等与大自然向背的历史代价以后，人们开始比历史上任何时期都清醒地懂得人类生存环境的重要性。于是，呼唤绿色设计响彻了整个世界。因此，一件产品使用后对包装的处理也展现了包装功能的另一个方面——回收利用的问题。特别是在"绿色包装"的时代主题下，现代包装应被赋予节约资源、保护生态的功能意识。一方面要降低商品包装成本，另一方面要降低包装废弃物对环境的污染。再者，要利用再生材料，以形成材料资源的回收加工与重复使用。

2. 视觉性功能

包装的视觉性功能主要是指包装的视觉传达性或广告性功能，体现在人的精神满足与消费欲望方面，它主要反映人们对产品包装外形特征的感受，以及唤起的人们的生活情趣与价值体验。

现代社会对于人的消费来说，不仅是生理性的需要，更是精神层面的体验。法国社会学家让·波德里亚在分析消费社会时指出，当人们置身于丰盛的"物"的包围中时，人们就不再像往常那样从特别用途上去看待这些物品，而是从它的全部"意义"上消费这些物品。可以看出，当社会物质达到一定丰裕程度时，人们对于物的消费大多是建立在精神需求上。社会在发展、意识在提高、市场在变化，于是设计的功能也应随之而改变。今天，如何在市场中尽可能实现最大化的价值呢？一种视觉性的符号化策略已成为现代包装设计的主要方式。

从 20 世纪 60 年代产生的文化思潮开始，"形式超越功能，形式追随表达"的设计思想已成为现代设计的标志。对于这样的思想，意大利孟菲斯设计组也这样认为，当一个设计师完成了某件设计时，他不仅创造了它的使用价值，而且更重要的是为其注入了某种有特定文化内涵的人文价值。这种思想阐明了设计是为人们的生活世界创造价值的行为，除了满足实用功能性以外，还需要创造出文化审美的形式。也正如孟菲斯的代表人物索得萨斯所言："灯不只是简单的照明，它还告诉人们一个故事，给人们一种意义……"因此，一定的产品要想成为商品被消费，首先要转化为便于在现代信息社会中流通的符号，而当这种符号不仅以特定的产品为"能指"，同时还以其"意义"价值为人们认可的时候，这种产品就能顺利地被人接受了。这也正如台湾广告人许舜英女士所说："在现代消费社会中，物品从来不是赤裸裸地出现，它总是被加上了一个二次度意义，一个社会延伸意义。"可以看出，在产品越来越"同质化"的今天，视觉性的符号化策略已成为产品最有力的营销方式，而包装则担负起了这个使命，成为这种视觉性策略的最好媒介之一。

包装的视觉性功能主要在于增强包装视觉传达方面的能力，也就是为了强调包装"无声销售员"的作用。现在，随着科技的发展，同一类产品无论是在功能还是在质量上都力图保持自己在物质功能和品质上的优势。既然物质功能的部分已很难满足人的深层次需要，那就要考虑从包装的造型、色彩、装饰以及其他的具有"意象"功能方面去形成一种差异性价值。恰恰也正是这些因素促成了商品的附加价值在消费中起作用。依据产品的性能特色和销售意图，利用材料、造型、结构、图形、文字、色彩等视觉因素形成的审美形象，包装能充分展现商品的个性魅力。有人说："包装被重视的原因，是行销制度逐步走向自我的服务之路。"这得以使消费者与商品之间的关系越来越密切，而视觉形象的创新以及视觉要素的增强，能够达到准确的信息引导和增强人们的消费欲望，从而实现最终商品的销售。所以，包装本身的视觉传达功能也就变得越来越重要。

总之，以商品包装的物质与精神两个方面作为设计的原则，是任何包装设计都不可逾越的。无论设计师运用何种材料、何种表现手法，都应既要考虑反映产品的物质内容特点，也要重视消费者审美趣味的多样性。当然，不同的商品因不同的流通、不同的消费群体、不同的销售方式等因素，使包装都产生着不同的具体功能要求。即使是同一种商品，因上述不同的原因，也会使包装的具体功能产生明显的不同倾向，也必然直接影响到包装设计的差异。因此，这就要求设计者要充分考虑到设计中方方面面的功能问题。

拓展研究

装酒器物——宋辽梅瓶之异同

现代考古结果表明：作为新兴事物的梅瓶在辽宋时非常繁荣，功用多样，并在器物造型、装饰等方面都具有高度的艺术性。梅瓶在辽宋时主要承担实用功能，是中国造物史上比较独特的酒包装器物。梅瓶与酒之间产生一定的和谐与统一性，作为包装物的梅瓶具有实用性的同时，又具有特殊的文化审美含义。

一、梅瓶之主要功用

历代文献中鲜有"梅瓶"一称，《匋雅》卷上云："梅瓶，小口，宽肩，长身，短项，足微敛而平底。"《饮流斋说瓷》卷七"瓶罐"中言及梅瓶："梅瓶口细而项短，肩极宽博，至胫稍狭，折于足则微丰，口径之小仅与梅之瘦骨相称，故曰梅瓶也。宋瓶雅好此式，元明暨清初历代皆有斯制。"由此可见，梅瓶早在宋代便已开始烧制，且形制特征总体一致，即口颈部细小，肩腹部宽长，胫部收敛。但遗憾的是，只提到其造型特点而未提及其具体功用。但从宋代史料如《侯鲭录》《云梦漫钞》和《翁牖闲评》中可以见到"酒经""劝酒瓶""京瓶""经瓶"等名号，涉及的都是一种与梅瓶的基本形制特征极为相似的瓶式。由此可见，"梅瓶"与"经瓶"之间存在着某些相似的特征，而宿白先生在《白沙宋墓》一书中认为白沙第一号宋墓（编号：颖东 119 号）壁画所描绘的三处高瓶应为"经瓶"，并作如下按语："此种类型的高瓶，是当时我国北方自河南以北，包括今河南、陕西、山西、河北乃至东北、内蒙一带民间流行的一种器物，瓷胎者俗称梅瓶……缸胎者多出河北，内蒙，俗称鸡腿罈。"宿白先生利用文献、实物和图像资料分析互证得出此结论后，学术界对此尚未有疑者。从考古成果看，宋时"经瓶"流行的主要地区在中国北方，包括当时辽国所辖的内蒙古和东北以及西夏统治的西北部分地区，表明生活在寒冷北方的人们喜欢饮酒这一生活习俗。由此可以设想，梅瓶相当可能首先出现在我国的北方地区，"梅瓶"之普遍使用应该出现在普遍使用经瓶的北方地区。蔡毅先生在《关于梅瓶历史沿革的探讨》一文中亦曾提出"梅瓶北方起源说"，认为宋瓷梅瓶起源于辽代契丹民族生活的北方广大地区，梅瓶的前身是契丹人创造的鸡腿瓶。并进而提出"梅瓶逐渐南传说"，认为辽代用于盛水、形体修长的鸡腿瓶向中原传播，促使中原出现了用于盛装水、酒的"经瓶"；从考古资料来看，此两种观点是有一定历史依据的。

从实物资料来看，上海博物馆收藏的两件宋代磁州窑系白地黑花铭文梅瓶，以开光形式分别题为"清沽知酒"和"醉乡酒海"四字，充分表明该器物具有盛酒之功能，其高度都在40至50厘米之间，当属大酒瓶系列。单从其铭文来看，其时的梅瓶已具有广告宣传之雏形，已开始注重酒包装容器的宣传功能。

上述古文献资料和实物资料表明辽宋梅瓶是纯粹的实用器物，应该是盛酒的酒瓶，它的主要功用在于"盛酒"，且能很好地保证所装酒的质量，在当时已被广泛使用，其使用方式还形成了一定的风俗习惯。

二、宋辽梅瓶的造型特征

一件好的器物造型，应该是功能和视觉美感的统一体。器物的设计必须考虑到其功用性，实用性能也是梅瓶造型存在的基础之一。相对辽代梅瓶而言，宋代梅瓶量多而质精，体态修长清秀，器型更具多样性和丰富性。

从实用性看，作为实用的酒包装容器的宋代梅瓶，实际功用是制约其造型设计的主导性因素。其一，口部细小、颈部短窄的特点能为加盖密封提供方便，能够避免酒液香气的挥发，以及运输移动时荡出酒液，充分发挥出其方便性和保护性功能。其二，修长的形体可以最大限度地扩大梅瓶容量，能满足时人量大而又经济的盛酒要求，而相对宽大的肩腹部以及口颈部与肩腹部的过渡等形体特征，则便于酒液流速和流量的控制，这也足以看出梅瓶造型设计的人性化特征。

从艺术性来看，宋瓷梅瓶在造型上注重实用性的同时，形成了特有的艺术形态和造型风格。在宋代的审美风尚的导向作用下，梅瓶形体力求简洁大方，去除一切与梅瓶形体结构和实用性功能无关的附加物，重视内部结构的营造，注重功用合理性的表达，形体严谨、求实、单纯而又质朴，体现出宋人所崇尚的素雅平淡的理性。正因为它恰好符合了宋人的审美时尚和爱好，才使得梅瓶在宋代被广泛使用。宋代梅瓶极小的口颈，能鲜明地衬托出主体瓶身修长的特点，同时，主体重心上移，形体的最大宽径在肩腹过渡处，瓶身下部收敛，胫足和底部瘦小，主体的肩腹与胫部在体量上形成鲜明的对比，形成了高耸挺拔、亭亭玉立的造型特征。而曲折对比的外部轮廓线，使梅瓶在形体上变化含蓄，在线条上气韵流畅而细腻柔和，既造成就了优美修长的姿态，又蕴涵着清淡典雅的气质，形成了挺拔秀丽的器型风格，其造型设计在形象的艺术性和功能的实用性方面达到了完美的结合。

辽代由于受到中原的深刻影响，具有较为发达的制瓷业，生产的梅瓶与宋瓷梅瓶存在诸多共同点。一般认为，辽代赤峰窑所产梅瓶与宋代磁州窑系的梅瓶在风格上较为接近，从出土文物来看，辽代梅瓶之整体造型和轮廓线特征与北宋北方的梅瓶形体特征有较多的相似之处，体现出风格相同的方面。但辽宋梅瓶某种程度上的民族风格的差异亦较为明显，辽代普遍存在并延续着梅瓶最早形式的鸡腿瓶，带有明显的北方草原风格的民族特色，具有直率、豪放的气势，它是辽代梅瓶民族风格的代表和延续，其高度与宽度比值一般来说比宋瓷梅瓶中最为高挑的一类还要高还要大，体现出北方契丹民族的阳刚之气。

三、宋辽梅瓶的民族风格特色

一切器物形式的存在和发展，都是一定历史条件的产物，均受到生产力水平、社会意识形态以及相关工艺水平的影响和制约，从而被深深地打上时代的烙印，显示出阶段性的历史特征和时代风格特色。梅瓶亦是如此。辽宋梅瓶具有典型的民族性风格特征，它一方面受到当时科学技术发展的影响，在材料和制作技术上呈现出独特性；另一方面与各自的文化传统有关，在造型和装饰上呈现出独特性。辽代梅瓶成就之所在正是其具有鲜明草原民族特征的造型和装饰特色，"契丹味道"甚浓。由其造型和装饰亦可看出，辽人之审美理想和艺术趣味与中原汉人显然不同。

梅瓶之造型特征前文已论及，单就梅瓶的装饰而言，辽宋梅瓶之风格特色亦较为突出。诚然，影响梅瓶装饰的因素很多，有社会意识、风俗习惯、政教制度以及纹饰的演变等，但只要梅瓶自身最基本的形制特点不变，那么，用于装饰器表的纹饰就必须与器形相协调统一。梅瓶形体简洁大方，其瓶身表面圆融，过渡自然连贯，富于造型的完整性和视觉的整体感，对于纹饰的要求更为明确，针对性更强。

分而论之，宋代梅瓶本身的装饰艺术以平淡作为审美的最高要求和理想，力求平易而隽永，极尽人工之巧追求典雅、素净之风格，强调平淡天真的艺术自然之美。具体到装饰上，宋瓷梅瓶的装饰丰富多样，又不失统一，中国瓷器的三类装饰模式在宋瓷梅瓶上都有较为充分的表现，而且不同窑系还形成了各具适用性的具体模式。就具体的装饰模式而言，胎文釉理式模式在宋瓷梅瓶中所占数量为少数，而范金琢玉式在宋瓷梅瓶中却达到了高度繁荣，宋代六大窑系，除钧窑系之外，都生产以范金琢玉式作装饰的梅瓶，且量多质精。宋瓷梅瓶中以纹彩相彰式作装饰者，属磁州窑系成就最高，且其在当时的影响远达辽之赤峰窑。而辽代梅瓶则以范金琢玉式为最多，偶见纹彩相彰式，未见胎纹釉理式。在宋瓷梅瓶纹样中，最为流行的当属牡丹纹和莲花纹等植物纹，特别是牡丹纹遍及南北。其纹饰可分为主题纹饰和辅助纹饰两大类：主题纹饰承担装饰的主题定调功能，题材较多，变化丰富，包括植物纹、动物纹、人物纹和文字等；辅助纹饰起烘托整体装饰气氛的作用，主要有植物纹和几何纹。相对而言，辽代梅瓶的装饰虽然也受到宋代梅瓶纹饰的影响，但总体上稍显单调，其主要纹饰为植物纹：缠枝牡丹纹、卷枝式纹样、飞鸟纹等；辅助纹样有植物纹样和几何纹样，植物纹包括仰覆莲瓣纹、花草纹，几何纹有弦纹、带纹和折带纹等。

尽管辽宋梅瓶之间不乏相互的影响和借鉴，但主体风格特色仍然突出，具有各自环境和文化之因子。相对宋代梅瓶而言，辽代梅瓶以契丹民族传统的文化背景为根柢，这一习用的酒包装器物在满足实用功能的同时，积淀了一定的社会价值和内容，其造型和装饰是对外在自然的高度凝练和升华，具有极高的审美价值和意义。辽代梅瓶本身体现出农业文化与草原游牧文化的双重特点，具有正统宗法观念与粗犷豪放性格的双重意识，表现为中原农业文化与北方草原文化的双向交流激荡，呈现出在文化气质、思想观念以及艺术审美方面的独特风貌。

结语：

梅瓶在辽宋时主要作为实用性盛酒器而存在，是与盛酒的功能要求和社会习俗分不开的。宋代梅瓶的整体气质统一，是汉族文化背景下产生的器物，而辽代梅瓶在器形上具有自身的民族风格，由于文化上的汉化倾向，辽代梅瓶的造型装饰在具有契丹民族风格特征的前提下在一定程度上表现出趋同于中原的风貌。随着梅瓶的功用发生根本性变化，梅瓶也逐渐成为纯粹的审美对象而存在，而梅瓶造型的设计也得以从实际的功能要求中解放出来，也逐渐形成了较为稳定的造型样式。

三、包装设计的材料、结构与造型

产品包装设计中，包装的材料与结构是包装形态最为重要的因素之一。如同自然界中一个小小的豌豆，无论其外部形态如何，它首要的任务是为了保护自己的果核。对于内部结构与材料的合理选择，则是为了自己生命的延续。其自然的形态和功能性的结构与环境相互作用并与自身的生命需求相适应，进而在生命的过程中在外部形态与内部结构上进行着不断的调整。在包装设计中，每一种产品都有不同的特质，对结构和材料的选择将直接关系到产品特点的展现，同时也关系到包装的成本、工艺、销售等种种因素。学习包装设计，不只是画一个平面设计图，它要求我们既要懂得材料，又要熟知立体的结构设计。

（一）包装设计的材料

人类从懂得利用包装开始，就在不断探索着各种各样的包装材料，从天然材质到人造材料，从单一材料到复合材料，从一次性材料到现在的环保材料，其间经历了漫长的发展过程。今天，随着科学技术的进步，现代包装材料也进入了新的历史时期。

包装材料的选择是包装设计的一个重要的内容，好的包装选材既要充分考虑到产品的成本，又要充分体现到内部产品的特质，还要考虑到社会可持续发展的因素。因此，在包装设计中，除了要具有创新的设计理念，还要对各种材料的特点、性能、结构、成本以及加工、经济、再利用等方面有所了解。对于材料的敏感是一个设计师正确把握一个产品包装的前提，熟练地运用包装材料，不仅能有效地保护产品、促进销售，而且还能达到最大化的社会效益。

商品包装的材料有很多种，从材料属性来说主要分为两大类：纸质材料和非纸质材料。纸质材料是指以各种规格、质地的纸张以及以纸为基础原料的合成材料，纸材料大规模地应用于包装是现代化包装的开始；非纸质材料指的是玻璃、陶瓷、金属、木材、塑料等材料。现在最常用的包装材料主要包括纸材、塑料、金属和玻璃。

在与产品属性相符的情况下，挖掘包装材料的多种可能性，是现代商品包装的重要设计理念。在具体的设计中，新兴材料和传统的天然材料可以结合使用，实际上我们传统的包装形式很多都是用的天然材料，如我们日常生活中箬叶包的粽子，荷叶包的肉，葫芦装的酒等，这些都为我们在包装材料选择方面提供了很好的参照。

在包装设计中无论选择什么材料一定要和产品相匹配，不能一味地追求高档而选择不相符的材料，应尽可能地从节约能源方面进行选材和设计。而且，从消费本质上来说，消费者买的是商品而不是包装，包装设计带给商品的附加价值只有在和商品相符的情况下消费者才自然接受。因此，要认真对待包装设计中的材料运用，比如说月饼包装，随着物质文明的发展，生活质量的提高，近几年月饼包装似乎已经成为"过度包装的"一种反面代表。为此，国家也三令五申禁止过度包装，减少资源和能量的消耗。要让包装真正是为商品锦上添花，而不是画蛇添足，更不是喧宾夺主。

1. 纸包装材料

纸质材料主要是指由植物纤维，经过高分子化学、化工与机械等技术处理而成的纤维材料。它具有成本低、易成型、利于回收、适合批量生产以及适合于印刷等特点。由于它能很好地成型和折叠，因此可以形成变化万千的包装形态。此外，纸质材料自身的质感和肌理所具有的独特魅力，也为设计提供了更多的可能。从现在来看，纸质材料是商品包装设计中应用最广泛、最普遍的一种材料，约占到所有包装材料的 45%。

纸包装材料基本上可分为纸张、纸板和瓦楞纸三大类。纸与纸板是按定量（单位面积重量）与厚度加以区别的，但区别的界限不是十分严格。一般情况下定量在 200 克/米^2 以下，或厚度在 0.2 毫米以下的为"纸"，以上则为"纸板"。 纸板通常是木浆、废纸、稻草为原料，经过化学等方法加工而成的具有一定厚度的纸张，一般在 0.3 毫米以上，也称卡纸。通常包括白纸板、黄纸板、牛皮纸板、铜版纸板、复合加工纸板、瓦楞纸板等。因其强度大、易折叠，所以常用作包装纸盒的生产用纸，如内包装或包装内衬等。瓦楞纸板是指由纸面和通过瓦楞辊加工的波形瓦楞纸芯粘合而成的板状材料。因具有较强的承载力，它多用于产品流通中的外包装。较为细腻的瓦楞纸也可以用作商品的销售包装材料或包装的内衬。

纸张种类很多，如牛皮纸、漂白纸、玻璃纸、蜡纸等。牛皮纸主要是以硫酸盐纸浆制成，表面纤维较粗，透气性好，抗撕、拉强度高。多用于制作包装袋、购物袋、公文袋等。另外，它也可以作瓦楞纸的表面材料。漂白纸主要是以软、硬木混合纸浆通过硫酸盐工艺制成，具有较高的强度，纸质洁白而细腻，适合于现代工艺。常用于作包装纸、标签、瓶贴等。玻璃纸是由天然纤维加工而成，具有表面平滑、透明度高、密度大、抗拉力强、防湿防潮等特点，适用于作食品包装。蜡纸是通过涂蜡技术制成，可有多种不同的颜色和式样，具有一定的强度，主要用于制作内包装，如食品、水果、丝织品等。除此之外，现在新兴的特种纸又为包装设计提供了多种选择，如各种彩色纸和各种底纹纸等。

随着造纸业的发展与实际的应用需求，国家对纸都有相应的规格标准。如纸的厚度，有公、英制两种方法：公制以 1/100 mm 为计算单位，也称"条数"，如 0.01 mm 为"一条"；英制则以 1/1 000 寸为计算单位，也称"点数"，如 0.001 mm 为"一点"。再如纸的开数，通常是以纸张的基本规格等分裁切为计算标准，如整张纸为"全开"，平均分为两等份为"对开"，再平均裁切为"四开"，依此类推。

2. 塑料包装材料

塑料是一种人工合成的高分子材料，与其他天然纤维构成的材料不同，塑料高分子加热、冷却聚合时，可随聚合不同分子而形成不同的形式。一般根据对加热的反应分为热可塑性塑料和热硬化性塑料。

塑料是除纸质材料以外的第二大包装用材，约占到包装材料的 20%，并且有增加的趋势。它以其高隔离性，广泛应用于内层包装和包装袋上，主要分为塑料薄膜和塑料容器两类。现在，我们身边食品类、洗涤类、饮品类等很多产品都应用塑料薄膜类材料。相比其他包装材料，塑料包装主要靠挤塑成型、注塑成型、吹塑成型等，可制成各种形状用于包装，通常具有易加工、成本低、质量轻、可着色、耐油、耐寒、防水防潮、防腐蚀，可加工成透明、半透明或不透明等优点。其缺点是透气性差、不耐高温、不耐强挤压、不易自然分解，回收成本高，容易对环境造成污染。

3. 金属包装材料

金属业的发展，为包装设计提供了更广泛的形式。从十九世纪初期金属材料用于包装到现在，金属包装已产生了巨大的飞跃。金属材料具有成型快、抗撞击性、密封性好的特点，能隔绝空气、光线，使产品能够长时间保存。随着金属业的发展，制造技术的进步，金属包装也越来越美观，成为深受人们喜爱的包装形式。在金属材料中，用量最大的是镀锌、镀锡薄钢板和金属箔两大类。另外，还有以金属材料为底料与其他材料复合在一起的金属复合包装材料。现在常用的金属包装材料主要有马口铁皮、铝及铝箔、金属软管等。

马口铁皮又称镀锡铁，是采用电镀技术将高纯度的锡镀在铁皮表面，并附上氧化膜和油膜，它是最早使用的金属包装材料，主要用于食品罐头包装。铝材是近几年使用量较大的制罐包装材料。铝材相对密度轻、质地软，耐腐蚀性，无毒无味，不生锈变色，易加工成型，是易拉罐产品的主要材料。而铝箔也是理想的铝质包装材料，它也具有良好的适用性，防湿、保温、防霉、防菌，还具有明亮的光泽，适合印刷、着色、压花等工艺处理。金属软管的主要材料为锡、铝、铅等，是半流质、膏质类产品的包装容器，具有保护性好、完全密封等特点。其中，锡制软管适合作食品及药品的包装，而铅制软管适合粘合济、油漆、鞋油等非食用产品。

金属材质是设计师用来提升品牌档次、显示品牌尊贵气质的一种有效的创意手段。但是在我国，由于材料、价格和加工、回收方面的问题，金属材料的用量较少。考虑到这些因素，金属复合材料的应用也越来越得到社会的重视。

4. 玻璃包装材料

玻璃应用于包装已经有很长的历史。早在公元前 15、16 世纪，古埃及人就已经使用玻璃容器。玻璃的主要原料是长石、石灰石、石英砂等天然矿石，因此它具有良好的光学性能，透明度高，抗腐蚀性，几乎与任何化学性物体接触都不会发生材料性质的变化。作为包装用材，它是随着玻璃制造业的规模生产而发展起来的。现在，它主要用于食品、饮料、酒类、调味品、化妆品、药品及一切液态产品等的包装。优点是可塑性高、透明性高、抗腐蚀性、耐气候变化、易清洗，以及可回收利用等；缺点是重量大、易破碎、运输和存储成本较高等。因此，在具体产品设计时要有针对性地选择，避其忌而扬其利。

玻璃容器成型方法主要有人工吹制、机械吹制和挤压成型三种。人工吹制是传统的手工艺制造方法，现在多用于制作形状复杂的工艺品包装，它成本高、生产量少，如能收藏的珍贵商品；机械吹制是用机器进行的批量化生产，主要用于造型标准、大规模生产的玻璃容器，如现在的白酒、啤酒用瓶；挤压成型是将玻璃溶化注入模具中挤压而成的，其表面光泽与纹理一次成型。

除此以外，木材、陶瓷、纺织品、皮革、麻草等也常常用作包装材料，另外，包装中还可以把不同特性的材料结合起来应用，会使主次材料相得益彰。现在，新型环保材料的出现，也使包装的材料越来越丰富。不同的材料材质、性能，决定了它们不同的制作工艺，产生不同的质地效果，造成包装的不同形态和特征，也带给了人们不同的产品特点和不同的视觉心理。因此，设计师进行包装设计方案策划时，应考虑到不同产品的特点，避开材料与制作工艺的制约，选择合适的材料并充分发挥其特性与长处。

（二）包装设计的结构与造型

包装的造型与结构是商品包装设计中一个非常重要的设计元素，与其他诸如建筑设计、工业产品设计一样都是关于立体空间的设计和利用问题。空间需要结构或者说造型来展现，而结构和造型则需要围绕空间的要求去构造。"空间"的概念在中国很早以前就被人所认识，历史上很多生产、生活器物都体现着这种设计思想。我们不仅从这些器物中看到造型结构与空间的物用关系，而且在东方，"空间"也上升到哲学的高度。古代哲学家老子在《道德经》中曾经说："三十辐共一毂，当其无，有车之用。埏埴以为器，当其无，有器之用。凿户牖以为室，当其无，有室之用。故有之以为利，无之以为用。"它告诉我们，人们制造的器物之所以能够为我们所用，是因为它创造了一个特定的空间。"有"只是为"无"提供条件，真正发挥作用的却是"无"。这种"有"与"无"的关系表现出了辩证的哲学思想，而包装的结构及其空间恰恰就涉及这种辩证思想。

包装的造型结构主要是指商品包装的立体结构造型设计，包装设计的造型结构设计，直接影响到包装的使用性与美观性，即包装在流通过程中，能否可靠地保护产品、方便运输、利于销售等。无论是包装的盒型设计还是容器造型设计，都是根据被包装产品的性质、形状和重量来决定其造型的。包装的立体构造是为其内部空间服务的，其宗旨是为了取得合理的包装空间，使产品有一个切当的容身之处。如果我们的包装造型只是为了得到一个华而不实的外形，那将大错特错。

包装结构根据材料的不同，主要分为折叠式结构和固定式结构两种。折叠式结构可以折叠成片，便于运输与存放，如纸板类结构，以及其他软制品结构等。根据包装的形状又分为方形、圆形、三角形、多边形以及其他异形等。而固定式结构外形是固定的，结实坚固，但无法折叠，如金属类、塑料类、木制类、聚乙烯化学类以及玻璃制品结构等。

1. 包装纸盒的造型设计

纸盒是一种立体造型，它是通过若干个组成面的移动、堆积、折叠、包围形成多面形体的过程。众所周知，立体构成中的面在空间中起分割空间的作用，对不同部位的面加以切割、旋转、折叠所得到的面就会有不同的情感体现：如平面有平整、光滑、简洁之感；曲面有柔软、温和、富有弹性之感。各种不同的面蕴含着不同的情绪：圆的单纯、丰满；方的严格、庄重……这些都是我们在研究纸盒的形体结构时所必须考虑的。

在立体构成的练习中，多面体的研究就是为了寻找多面形体的面与面之间的变化规律，探索形体的面的变化、材料强度等关系。而运用于包装纸盒设计中就要考虑到将来要盛、放的各种功能，比如：面的接合在纸盒造型中通常以点接、线接、面接三种方式出现在盒盖、盒身和盒底结构之中。以盒底为例：盒底部分是承受重量，抗压力、震动、跌落等因素中影响最大的部分，较适宜于面接，利用各面的插结和锁扣等方法，使盒底牢固地封口、成型。这种结构能包装多种类型的产品，以中小型瓶装产品居多。

依托厚薄不等的纸或纸制板材进行包装造型的纸质类包装结构，其结构形式大体可以分为一重式、二重式、二重折叠式、裱贴式和手提套装式等五种形式。

一重式是指用一张纸或纸板折叠成型的结构形式，它具有强度高的特点，并且可以节省材料，工艺制作上也较为简单，适合于食品、小纺织品等包装。

二重式是指有两个纸制结构组合而成的包装形式，如抽屉式包装。它的工艺较一重式结构略微复杂，其包装更为灵便、坚挺。

二重折叠式是在盒形较大时采用的形式。它通过多次的折叠，形成了多层的结构样式，也使包装的形体更加牢固，但制作工艺相对来说也复杂了。

裱帖式包装是指在合成纸板构成的形制上，装裱彩色印刷品或其他材料的包装形式。如月饼外包装多采用这种形制。这种形式可以做出任意的形状，在内部可以用专用纸或织锦做内裱衬，但制作工序多，成本也相对高。

手提套装式包装是结合了手提袋的形式，在包装上加上了手提的形式，可以方便消费者的携带，常常用作商品的外包装，比如酒类产品、食品、小型家电、针织产品等的外包装。

2. 包装容器的造型设计

容器造型设计是一门空间设计的艺术，是运用各种不同的材料、加工手段在空间创造立体造型。设计时首先要确定一个基本形，然后采用"雕塑法"为基本手段，进行型体的切割和组合。基本形的定位来源于几何形体，如方体、球体、圆柱体、锥体等形体的组合演变。化妆品的瓶型通常以圆柱体为基本整体形，对此进行各部位的切割、折屈、旋转、凹凸等手法进行创造。容器造型中立体的柱体结构主要体现在柱端变化、柱面变化和柱体的棱线变化三个方面。此外，"模拟法"亦是容器造型的一种有效的设计手法，现在被科学地称之为"拟态设计"，即直接模仿某一显象形态，以增强商品的直观效果，吸引受众消费。立体构成中的仿生结构研究，对于我们展现五彩缤纷的现实生活，完善我们的表现力提供了很好的创作源泉。

3. 包装造型的形式美

包装造型不但要符合商品所需的保护功能、使用功能、销售功能，还要符合制造的工艺技术和手段。那怎样才能使包装造型设计得更美？怎样让消费者在使用商品的同时也体验到精神上的愉悦？怎样的造型形式才更能刺激消费者的购买欲呢?下面谈谈包装造型形式美的几个法则。

1）变化与统一美

在造型艺术中只有统一没有变化会显得呆板，有了变化造型才富有生命力和感染力；相反，变化多得不统一就显得杂乱无章，有统一，造型才会和谐，富有整体美。因此容器造型的变化与统一美应该是在统一中寻变化，变化中求统一。

运用对比的方法是取得变化的最好方法。对比方法有很多，下面列举几种对比：

（1）线型的对比

造型的线主要指外轮廓线。线的形状有很多，直线、大弧线、微弧线、大曲线、微曲线、长线、短线，等等，这些线决定造型的形态。不同形状的线之间所产生的对比关系就是造型的线型对比。

第一，统一中求变化。如果一个造型全用一种形状的线型组合，那么这个造型绝对和谐统一但却显得单调，如果以这种线型为主，再选择另一种与之对比的线型为辅，这个造型在统一中便会呈现变化、生动之美。

第二，变化中求统一。对于过分对比变化的线型组合造型有下列方法求得统一：① 线型之间相互渗透。② 对比线之间处理成有条理、有组织、有规律化的形式。③ 对比线之间构成一定的内在联系，按一定的规律和方法进行处理的形式。这种造型虽然以大弧线与大直线结合，但线形之间构成了一定内在的联系，取得了统一。

（2）体量对比

容器造型是有一定的体积的造型，所以我们还可以从容器造型立体体积的关系来研究造型的变化。体量就是造型有明确分界线的各部分体积给人的分量感。体量对比就是各体积分量感的对比。我们可以从两个方面来考虑：

第一，相同形状的体量对比。相同形状如果等形又等量则绝对统一，但时常会显得乏味，这时如果体量之间产生大小对比，就能取得变化了。

第二，对比形状的体量对比。对比形状的体量对比有以下方法取得协调：① 相异形之间互相渗透，使它们联系起来。② 采用过渡法，即一个形朝着另一个形慢慢地过渡。③ 相异形之间加大它们的体量比例对比程度，使小的部分衬托大的部分，从而大的部分给人感觉更突出，更有特点，反之也可以在一定程度上使小的部分更细致、更精巧。

造型的各个部分的体量有时是和功能的需要分不开的，我们一定要把各体量关系处理好，使造型具有整体和谐之美。

2）重复与呼应美

造型艺术中的重复美是指将同一造型形态连续、有规律性地重复运用、反复出现，运用时应保持形状、色彩、肌理等相同、重复的视觉效果使形象秩序化、整齐化，和谐而富有美感。如系列化产品包装设计，有些是利用线型重复造型，有些是采用造型完全重复构成系列，有些是装饰重复或材质相同等。运用这些重复因素的协调关系进行系列化设计会使设计呈现出统一的、富有节奏感的视觉效果。

3）节奏与韵律美

节奏与韵律是重在表现动态感觉的一种造型方法，主要贯穿于反复之中，无论形态、色彩、线条都可以在反复中显现出韵律美的特征。节奏与韵律的法则与音乐的美学原理有共同之处。音乐是通过听觉随着音乐主题及曲调节拍感觉音乐形式，而设计的节奏、韵律则是通过视知觉体会视觉元素的美感形式。它是一种有合理性的、次序感的、规律性变化的形式美感。

4）对称与平衡美

对称分为相对对称和绝对对称两种，一般表现以左右或上下的对称形式。相对对称是在对称形式内在框架下呈现中轴线左右的对称，其量度和形状并非绝对相同，而绝对对称则是以同样的形态、量度或色彩出现于中心线的两侧。对称形态具有庄重、大方、稳定之美感。平衡是在视觉心理方面所体现的形式，它具有两种形式，一种是静的平衡。静的平衡是等量不等形，具有静中有动的美感。另一种是动的平衡，具有的是活泼、多变，在这种多姿多彩不对称造型中求得平衡之美。

拓展研究

儿童玩具包装的安全性设计

儿童玩具消费市场潜力巨大，市面上各种品牌和款式的玩具可谓琳琅满目，可选择性较大。然而这其中由于玩具包装质量不达标所导致的安全问题频现，也已引起社会各个层面的高度重视。本文选择从儿童玩具的包装安全性出发，详细分析影响儿童玩具包装设计安全的各种要素，并总结其设计需求，提出改进建议，以期对儿童玩具包装的安全设计提供一种途径和可能。为使文章的论述集中和深入，本文所涉及的"儿童"特指 12 岁以下的儿童，儿童玩具包装即指适合 12 岁以下儿童玩具的包装。

一、儿童玩具包装存在的安全性设计问题

（一）包装材料有害物质超标

在日常生活中，玩具与儿童之间有天然的默契关系，这也意味着包装作为玩具的贴身衣物，确保其材料的安全性是毋庸置疑的。儿童玩具包装材料的安全性关乎儿童的人身安全，其安全性不容忽视。从玩具包装的安全设计角度出发，设计师在设计时必须秉承以人为本的理念进行设计，拒绝采用有害物质超标的包装材质，确保儿童消费群体的人身安全。

然而，目前社会上仍不时出现由于包装材质有害物质超标所引发的儿童玩具包装安全事故。经调查分析，儿童玩具包装不合格的原因主要是包装物有害物质超标，如邻苯二甲酸酯超标、薄膜厚度过薄等，很大程度上是由于不少玩具企业对包装材料进料、使用、检验等环节缺乏安全控制。部分企业缺乏玩具包装的质量安全意识，甚至有些企业并不清楚儿童玩具包装材料的化学限量要求，这些企业没能把玩具包装和玩具安全放在一起考虑，使包装不能符合玩具法规或指令要求。另外，包装监管部门缺乏有效的包装质控手段，也是造成儿童玩具包装安全事故发生的重要原因之一。笔者认为，政府监管部门应加大执法力度，严格执行各项法律法规，杜绝儿童玩具包装材料有害物质超标，以此来确保包装材质的安全，促进玩具包装行业的健康发展，以安全为前提，为儿童提供更多安全新颖的玩具。

（二）包装造型结构不合理

针对儿童消费群体，确保玩具包装造型结构和开启使用的安全乃设计之本。然而，不少商家为谋求玩具产品的最大化利润，其玩具包装在造型结构设计方面存在很多不合理之处：其一，玩具包装开启结构材质处理过于锋利，容易误伤儿童；其二，开启方式不够合理，耗力太大，儿童难以开启；其三，玩具造型太大或棱角结构不够圆滑，缺乏对儿童消费群体诉求的考量，给儿童玩耍带来诸多不便。

儿童玩具包装针对的是儿童这一特殊的消费群体，使得其在包装造型结构、开启方式上都应考虑到儿童的实际需求，符合儿童的基本消费属性。杜绝包装结构上的不合理，这也是包装设计师在进行设计时所不能忽视的。

（三）儿童玩具包装从业人员安全意识不足

在独生子女家庭，孩子成为家庭的中心环节，家长自然把孩子的需求摆在首位，这也间接地导致了儿童玩具市场的繁荣。为了满足儿童消费群体的需求，争取实现商业利益的最大化，不少从事玩具包装设计、生产、销售产业链的人员开始逐步放松安全警惕，以至造成多起玩具包装安全事故，这也是我们都不愿意看到的。

从目前市场状况来看，玩具包装安全事故的出现，最主要的原因是从事该行业的人员安全意识不足。首先，玩具包装设计师为给生产厂家减少成本，采用廉价的甚至是不合安全规范的包装材料，打破了生产链的第一道安全防线；其次，玩具包装生产链上的工作人员，在包装原材料合成比例上违反安全要求，造成第二道生产上的安全隐患；再次，有些玩具包装在销售时受到损坏，销售人员直接把玩具脱离包装，拿出来单卖，使附在玩具包装上的使用说明缺失，造成儿童在玩耍时受伤，等等。总之，生产商家、设计师、销售人员等，必须相互监督，按包装法规生产，以合法的手段进行玩具促销，始终把儿童的人身安全摆在首位。

二、儿童的消费心理

（一）儿童认知特点下的玩具包装

不同年龄段的儿童对事物的认知发展有一定的差距，消费心理和视知觉也存在一定的差异，因此对玩具包装的偏爱和侧重点也不一样，玩具包装的风格也迥异。因此，玩具设计师应充分了解儿童对包装装潢、包装造型的需求，抓住儿童消费群体。儿童消费群体生性好动，因而强烈的视觉冲击力、鲜明的包装色彩是提高儿童玩具在玩具市场竞争力的有效手段。首先在色彩上，儿童的喜好偏向单一鲜艳色调，黑色及脏色在儿童玩具包装中不宜使用，设计师可通过对色彩的成功运用来强化玩具包装的视觉冲击力，吸引儿童消费群体，使其产生消费欲望；其次，图形造型也是玩具包装设计成功的重要因素，也可以作为玩具促销设计手段使用在玩具包装上。

（二）儿童情感需求

人都有自己的观点，即使还处于儿童期，他的情感需求也是极易被发现的，简单的表情足以体现他们的需求，细心的父母、善于观察的玩具包装设计师通过日常生活中的细节的观察，了解并满足儿童的情感需求并不困难。在儿童的成长过程中，拥有父母的鼓励和支持是儿童建立自信、健康成长的关键，故此阶段父母对儿童的需求大多持支持态度。由于儿童这种心理的存在，玩具如想畅销，设计师在进行玩具包装设计时就应抓住儿童的心理，玩具的包装要充满趣味，在设计时以系列为单位进行设计，设计不同类型的趣味包装，抓住儿童好奇的心理，使之成为该款玩具的忠实爱好者。

（三）儿童消费心理和消费行为

众所周知，消费心理决定消费行为，由于儿童消费心理阶段性的不同，儿童期存在三个明显的消费行为阶段。一是被动阶段，此时儿童还不具备掌握消费主权的能力，一切由父母决定，此时抓住母亲的消费心理是玩具畅销的关键所在；二是模仿阶段，此阶段儿童的消费行为及消费心理极不稳定，容易受别人的影响转移变化，属于依赖父母型的消费群体，但是手中很少有资金的主动消费权；三是主动阶段，随着年龄的增长，儿童身体迅速成长，大脑发育逐渐完善，消费行为逐渐从被动走向主动。因此，抓住儿童的心理兴趣所在是促成儿童玩具消费的主要手段之一。

三、家长的消费心理

（一）安全性为主

在儿童玩具消费市场上，消费对象是儿童，然而其消费决策者大部分时候是父母，因此，关注父母的消费心理是促进玩具消费的关键。家长在购买玩具时兼顾玩具包装及玩具本身的安全性和玩具的教育性及娱乐性，并始终把安全性摆在首位。

玩具包装的安全性备受父母关注。由于儿童天性好动、好奇，在玩具包装上父母要求的安全系数极高，安全的材质、安全的开启方式、安全的结构造型，都是设计师、玩具开发商要充分考虑的，同时在玩具包装上应有合适的使用说明和警示说明，严格防范，给家长提供一个安全可靠的玩具消费环境，解除父母的消费疑虑，让家长安全放心地购买玩具。

（二）教育性为辅

玩具肩负的使命众多，其中教育性也是非常重要的。玩具在儿童成长教育过程中扮演着重要的角色，它的教育意义自然是父母关注的焦点，因此，在包装上要把玩具教育意义准确传达给父母。业界指出，消费者在购买玩具时，对玩具的教育作用非常重视，除了安全性，家长也把教育功能作为选择标准的首要条件。由此可见，重视玩具的教育作用已是玩具消费市场的趋势所在。

笔者认为，玩具包装应体现出如下的教育意义：第一，利用创新的玩具包装，激发儿童的好奇心，形成儿童强烈的求知欲望，积极地认识世界，开启儿童的智力大门。第二，利用多样化的玩具包装，提高儿童认知事物的能力，培养儿童敏锐的观察力。第三，利用玩具包装，在儿童玩具包装设计中节约材料，充分利用资源，使用可降解腐化的包装材质，培养儿童绿色环保意识。

四、儿童玩具包装安全性设计改进

儿童作为国家、社会、家庭高度重视的人群，在玩具消费方面，除要满足其物质需求外，在玩具包装设计方面，其包装材质安全、造型结构安全以及包装信息安全方面都应得到消费者、企业和社会的高度重视。

（一）把包装材质的安全性摆在首位

玩具包装是玩具产品最直接的增值和促销方式，我国大部分玩具企业侧重玩具本身的安全而忽视了玩具包装的安全性。因此，为了儿童的人身安全，社会各界尤其是包装设计师应该把包装材质的安全性摆在首位，必须对玩具包装安全标准概念清晰，同时对包装材质有害元素有一定的安全认识，在设计和购买儿童玩具时不要仅仅把品牌与价格作为衡量包装是否安全的标准，而忽略包装材质本身的安全，以此则可防止玩具包装对儿童健康成长的伤害。

随着经济的快速发展，包装材质和工艺等方面的进步，在和儿童接触甚密的玩具包装行业，包装从业人员必须充分了解包装材质的基本属性，相关部门也应通过各项包装技术及测试，来确保包装材质的安全，之后才能进行批量化生产，以此才能共同保护儿童的健康成长。

（二）保证包装设计安全

从造型结构设计方面来看：现在玩具的品种繁多，形状各异，随着玩具制造技术的进步和提高，其包装造型结构的安全性要求也更高。在玩具包装造型上必须要完善防震、防潮、防盗等保护功能，在设计中充分考虑玩具的本质属性以及运输途中可能会遇到的各种意外可能，选择最合理最安全的结构造型，保障玩具产品最终安全地到达消费者手中。同时要注意，包装造型结构的安全性设计是围绕玩具产品的本质属性而展开的，过于复杂的结构或造型不仅增加成本，也不利于玩具包装的安全，对儿童消费者存在一定的安全隐患，只有重视功能与形式的结合，才能使它更趋科学和合理。

从包装装潢设计方面来看，它关乎到玩具包装的信息安全传达，主要涉及玩具包装的文字、色彩及图形。要求玩具包装文字设计必须简明扼要，准确传递产品信息，减少给儿童带来安全隐患；玩具包装色彩设计必须以儿童的喜好色为原则进行设计，要符合儿童的色彩心理，给儿童营造轻松愉悦的学习娱乐环境，对需要特别提醒的环节，应在色彩上给以警示效果颜色；在玩具包装图形设计上，对于玩具的搬运、储藏、开启、使用、维护保养等安全注意事项，应给予示范图形以避免错误操作给儿童带来安全隐患。

（三）注重开放性及互动性

随着新时代的到来，儿童玩具产品包装设计逐渐以科技性 + 互动性 + 艺术性 + 趣味性为主要形式进行。儿童玩具包装要围绕以人为本的理念来进行设计，使儿童玩具包装具备一定的开放性与互动性，为儿童的参与提供条件，让他们在娱乐互动中提高动手与思维能力，去感知、体悟，领会玩具带给他们的知识，使他们乐于参与其中，去完成自我表达和自我实现。如：我们看到，在购买蓝猫咕噜噜产品时，同一系列包装的不同款式在包装形象上采取不同卡通形象进行区别，利用蓝猫的淘气、活泼、机灵、顽皮、好奇的性格来反映儿童的个性特点，对儿童具有强烈的亲和力，使儿童在参与其中的同时得到一种潜在的心理满足，这样就可以通过玩具包装来提高儿童的感知能力、创造能力、审美能力以及动手能力。

四、从草图到成品的包装设计过程

创意是包装设计的灵魂，是成功设计的前提。优秀的创意来自于设计师敏锐的市场洞察力、积极的思考、知识的积累以及丰富的经验。创意是包装设计成功的法宝。然而，包装设计的创意是一种受制约的创造活动，一件商品的包装从酝酿到呈现到市场上，要经历市场分析、设计定位、设计构思与草案、设计表现等各个不同的环节，每一个阶段都需要设计师亲身亲历去实践。

（一）市场分析

作为产品的促销手段，包装设计绝不仅仅是为了美观，成功的包装设计应该是被市场或消费者所认可的，并且能够创造商品的附加经济价值。因此，充分了解市场与消费者的需求，对包装设计具有十分重要的意义。

所谓市场分析，就是为了解决某项产品的营销问题而对市场及市场环境进行的具体分析与研究，一般包括：市场中同类商品的生产、销售情况；消费人群的基本情况，如消费人群的年龄、经济收入、文化素养等方面；市场中该品牌的形象知名度、好感度、信任度、产品的价格、质量、销售手段等方面。市场分析是运用科学的研究方法，对市场的运行状况、消费者心理、市场潜力及发展动向进行的综合整理分析。事实证明，在日趋激烈的市场竞争中，企业或者设计人员必须依据大量市场分析作为可靠的信息资料，从而确定自己产品的市场定位，才能进行合理的规划设计。

1. 市场分析的内容

市场调研的内容涉及面极其广泛复杂。可以说，凡是直接或间接影响市场的信息资料，都是收集或研究的内容。但是，调研也不能漫无边际的罗列数据、堆砌资料，而是有针对性地进行实质的调查研究，从中发现有价值的资料。一般将市场调研归纳为消费者研究、产品研究和市场研究三个方面，这三者既相互联系，又可单独进行。

1）消费者研究

"知道人们在一杯饮料中放几块冰？一般来说，人们都不知道，可是可口可乐公司知道。"这是美国作者约翰·科恩在谈到美国公司重视对消费者情况的调查时说过的一段话。尽管在一杯饮料中投放几块冰,对消费者来说,是微不足道的小事,但是对企业广告公司来说却是一种极为重要的大事,由于可口可乐公司了解人们在一杯饮料中加入几块冰的数据,该公司便掌握了美国餐厅饮料及冰块的需要量,可见对消费者群体进行调查研究,对企业来说,是多么地重要。消费者调查的主要内容有:

第一,消费者的风俗习惯、生活方式、性别年龄、职业收入、购买能力以及对产品品牌的认识。

第二,产品的使用对象属于哪一个阶层,消费者对产品的质量、供应数量、供应时间、价格、包装以及服务等方面的意见和要求,潜在客户对产品的态度和要求,以及消费群体对产品的未来需求。

第三,消费者商品购买行为的发生方式,商品知名度及市场占有率,受众对商品的印象和忠诚度等一系列影响购买的因素。

2）产品研究

市场调研的目的是更好地将产品推销出去,因此,对产品的了解就是对产品进行创意设计的重点。产品研究主要包括产品的历史、产品的特点、产品的销售和目标市场等方面。产品的历史主要了解其生产历史、生产过程、生产材料以及生产设备与技术等情况,从而确定产品最初的上市情况、工艺流程、技术质量、生命周期等,进而为产品的下一步发展提供理论依据。

产品的销售和目标市场研究主要是通过分析产品的销售记录,了解产品销售地区分布、销售时间安排和消费者阶层的分布,从而确定产品设计的方向。

3）市场研究

市场研究主要是通过产品在市场中的表现进行资料搜集、分析和研究,如产品的销售状况、销售前景、销售利润以及对销售模式等情况进行了解。通常,在市场研究中,需遵守两条原则:以产品为中心的原则和实质性原则。以产品为中心的原则,是指在市场调查中应以调查产品为中心,搜集详细的资料。所搜集的资料越详细越具体,对设计决策工作的参考价值就越大。实质性原则,就是要通过市场调查,从表面现象中寻找出带有实质性意义并能表现市场变化趋势的资料。因为,市场调查不仅仅是为了了解市场的现状,而是要根据所掌握的情况合理地去预测市场的变化趋势。所以,市场调查中要特别注意带有实质性并能表明各种潜在变化的资料的搜集和研究。

2. 市场分析的方法

市场调查的方法有很多，随着社会科学的发展，更多新型的市场调查方法不断出现，市场调查工作首先要明确调查的目标和基本问题，因此应制订详细的调查纲要和工作日程，以便能够使调查工作有条不紊地进行。接下来，需要组织专人进行调查工作的开展。市场调查的方法主要有观察法、实验法、访问法和问卷法。

1）观察法

这是社会调查和市场调查研究的最基本的方法。它是由调查人员根据调查研究的对象，利用眼睛、耳朵等感官以直接观察的方式对其进行考察并搜集资料。例如，市场调查人员到被访问者的销售场所去观察商品的品牌及包装情况。

2）实验法

由调查人员跟进调查的要求，用实验的方式，对调查的对象控制在特定的环境条件下，对其进行观察以获得相应的信息。控制对象可以是产品的价格、品质、包装等，在可控制的条件下观察市场现象，揭示在自然条件下不易发生的市场规律，这种方法主要用于市场销售实验和消费者使用实验。

3）访问法

可以分为结构式访问、无结构式访问和集体访问。结构式访问是实现设计好的、有一定结构的访问问卷的访问。调查人员要按照事先设计好的调查表或访问提纲进行访问，要以相同的提问方式和记录方式进行访问。提问的语气和态度也要尽可能地保持一致。无结构式访问的没有统一问卷，由调查人员与被访问者自由交谈的访问。它可以根据调查的内容，进行广泛的交流。如：对商品的价格进行交谈，了解被调查者对价格的看法。集体访问是通过集体座谈的方式听取被访问者的想法，收集信息资料。可以分为专家集体访问和消费者集体访问。

4）问卷法

这是通过设计调查问卷，让被调查者填写调查表的方式获得所调查对象的信息。在调查中将调查的资料设计成问卷后，让接受调查对象将自己的意见或答案，填入问卷中。在一般的实地调查中，以问答卷采用最广。

最后，需要将所调查的内容以调查报告的形式呈现出来。市场调查报告的内容、市场调查的结果最终会传达给产品的有关设计人员。因此，它必须资料数据详尽、表达简洁准确、问题结构严密。在国内外一些较成熟的广告公司都设有相应的市场部门来负责这部分工作，作为设计人员我们要知道如何有效地利用相关信息，使设计工作有的放矢。因受旧的观念影响，我们国内的设计就事论事的情况比较多，尤其是在对待包装设计的态度上，或是包装老了换换包装，或是为新产品加上一件漂亮的外衣。片面地认为包装漂亮、高档，东西就好卖。为产品作深入市场调查和市场分析的还不多见，这就造成了我们的设计缺少鲜明的形象识别，带有一定的片面性。没有把包装设计纳入到营销战略的环节中去。这种现象将会随着中国设计教育水平的不断提高而逐渐改善。

（二）包装设计定位

1. 设计定位的概念

"定位"一词是 20 世纪 80 年代由艾·里斯与杰克·特劳特提出的一个传播、营销概念，时至今日，它已经成为一个包括"政治、战争和商业，甚至追求异性"的最重要、使用最广泛而频繁的战略术语之一，当然，它也是包装设计营销战略理论构架中的一个核心概念。

简单地讲，设计定位就是设法使产品在市场与消费者大脑中占领一块"地盘"。在今天信息传播过剩的社会里，人们的大脑已经成了一块吸满水的海绵，如何创造出人们头脑中尚没有的东西，则是异常艰难。因此，只有不断发掘自身不同于人的优势，才能重新占据消费者的大脑。而定位策略是一种有效传播沟通的新方式。定位的策略理论不是针对产品本身，而是针对预期客户。也就是说，它不是为了创造出新的、不同的东西，或者说对产品本身并没有什么改变。但它确实在改变，只不过它改变的是产品的名称、价格、包装等以及由此而改变已存于消费者大脑中旧的认识。它是为了确定某一产品在市场中的位置，确定产品所针对的特定对象，以便在众多的产品中找到该产品的特质和独具竞争力的因素。

设计定位的准确与否将是包装设计成败的关键，它是一项具有针对性的工作，目的是要找到相关的设计依据，这些依据是通过市场调查来获得完成的。现代市场经济的日益发展，商品种类的层出不穷，使商品竞争愈加激烈。一个商品能够拥有一定的消费群体，或是在同类商品中占有一席之地并非易事。如果把某个商品定位在人人都能用，或任何时候都能用，这无异于在编造一个谎言。作为一个专业的设计人员应从市场客观规律出发，为产品寻求一个准确的定位，为企业负责，更为消费者负责。由于观念上的差异，在和企业沟通时常会存在一些障碍，要有足够的耐心，并用恰当的设计方案为依据，使他们能够逐步接受你的观点。

准确的设计定位，可以带来成功的市场销售，在广告和包装设计的发展历程中有许多经典案例可供我们借鉴。万宝路香烟这个品牌人人皆知，可最初由于它所面对的主要消费群体是女性和一些纨绔子弟，市场业绩一直不佳。为改变产品形象，菲利浦、摩瑞斯公司找到著名的广告策划人李澳•贝纳（Leo Burnett）为万宝路重新定位。通过市场调查得出的结果是：最初人们对万宝路的认识"是不合常规的、没有丈夫气的品牌"。针对于此，他们首先从包装入手，把原来包装的红色条纹换成全红色，文字也用大写字母写出来，使其更具有男性气概。为使品牌形象更具美国意识，他们决定在广告中使用牛仔（是真正的牛仔，不是由演员来扮演的）。新的形象一经推出就得到了青年人和男性的认同，并大获成功，现在它已经成为世界销量第一的香烟品牌。一个同样的产品由于定位的不同有着两种截然不同的结果，可见其定位的重要性。李澳•贝纳正是看到了香烟的主要消费群体是男性和青年人，通过改变包装和广告策略改变了万宝路的原有形象，使万宝路品牌得到了这一消费群体的广泛认同，可以说是新的市场定位缔造了新的万宝路企业王国。

2. 影响设计定位的产品属性

产品属性是影响设计定位的重要因素。产品属性有以下三个方面：基本属性、物质属性和心理属性。基本属性：商品的用途，包括衣、食、住、行、用等各个方面。它所反映的是商品的基本内容。物质属性：商品的物质形态，是液体的、固体的、坚硬的、柔软的，还是光滑的、粗糙的等。它所反映的是商品的质感。心理属性：商品带给人的心理感受，是活泼的、大方的，还是典雅的、高贵的等。它所反映的是商品的内涵。

这三个方面都是我们进行商品包装定位时的基本依据。如果只注重表现形式而忽视产品属性的话，就会使形式与内容相脱离，会给人造成与商品不符的感觉。应根据产品的基本属性和物质属性进而表现出产品的心理属性。比如我们为高档化妆品或高档酒类做设计，既要表现出它的用途和物质形态，同时也要体现出它典雅、高贵的一面。尽管商品的种类繁多，但都具有这三个方面的属性。体现在具体的商品上它又是一个整体，只侧重某一方面的属性是不片面的。多方面地了解产品是为了更有效地表现它，结果应该是一个完整的形象，使形式和内容紧密融合。

3. 设计定位的方法和策略

随着我国物质生活日益丰富，人们购买力的不断增强，同类产品的差异性逐渐减少，品牌之间使用价值的同质性日趋接近，因此对消费者而言，什么样的产品能吸引住他们的注意，什么样的产品能让其选择购买，是每个商家苦苦追寻的问题。这便为同类产品的包装设计提出了更多的挑战，只有在包装设计的创意定位策略上下功夫，才能创造出独特的商品外衣，才能使自己的产品脱颖而出。

包装设计定位主要包括实际定位与心理定位两种，也可称为实体定位和观念定位。实体定位就是在包装设计中，突出产品的新价值，强调与同类产品的不同之处和所带来的更大的"超值"利益。

观念定位是指在消费者头脑中的定位。没有一种产品包装能使所有的消费者都喜爱，任何消费者也不会仅仅只是忠心于一种产品包装。但是，一般来讲，一旦某一产品包装在人们心目中留下了第一印象，就不容易轻易改变它。而且研究表明，消费者面对如此繁多的产品包装时，总是会在自己的心中将产品进行等级划分，即某一类产品在心理上属于一个层次，而每一个层次又都代表着一类不同的产品。这就是艾·里斯与杰克·特劳特提出的"梯级理论"。 梯级理论告诉我们必须通过对消费心理的研究，来突出产品包装的优势，以改变消费者的消费习惯心理，从而在消费者心中树立新的产品消费观念。

创意定位策略在包装设计过程中占有极其重要的地位。包装设计的创造性成分主要体现在设计策略的创意上。所谓创意，最基本的含义是指创造一个新的解决方案，寻找一个别人没有发现的角度。当然这些都不是无中生有的，而是在已有的经验、材料基础上加以重新分析组合。定位策略是一种具有战略眼光的设计策略，它具有前瞻性、目的性、功利性的特点。创意定位策略是成功包装设计的最核心、最本质的因素。以下几种包装创意定位策略在包装设计中起着举足轻重的地位。

第一，产品性能上的差异化策略。

产品性能上的差异化策略，也就是找出同类产品所不具有的独特性作为创意设计的重点。对产品功能的研究是品牌走向市场、走向消费者的第一前提。

第二，产品销售的差异化策略。

产品销售的差异化策略主要是确立产品在销售对象、销售目标、销售方式等各个销售因素的不同。产品主要是面对不同的消费群体，不同年龄阶段，不等的文化水准，不同的生活习惯。产品的销售区域、销售范围、销售方式等都直接影响和制约着包装设计的定位策略。

第三，产品外包装差异化策略。

产品外包装差异化策略就是寻找产品在包装外观造型、包装结构设计等方面的差异性，来突出自身产品的特色。在选择产品外观造型时，一是要考虑产品的保护功能，二是要考虑便利功能，三是外观造型的审美和信息传达功能。

第四，品牌形象策略。

随着经济的不断发展，任何一种畅销的产品都会导致大量企业蜂拥而上，产品之间可识别的差异也变得越来越模糊，产品使用价值的差别也越发显得微不足道。这时如果企业还一味强调产品的自身特点和产品细微的差异性，就会导致消费者的不认可。如今产品的品牌形象日趋重要，在品牌形象策略中，一是强调品牌的商标或企业的标志为主体，二是强调包装的系列以突出其品牌化。

各种不同的包装创意定位策略在设计构思中绝不是单一进行的，而应该是相互交叉，取长补短加以运用。创意独特的包装定位策略是指导包装设计成功的决定性因素，有了它，设计构思便有了依据和发展的可能。

（三）包装设计构思与草图设计

1. 包装设计的构思

《辞海》中"设计"的概念是指通过可视符号将各种各样的设想和构思表示出来，具有可感性、前瞻性、策略性、计划性、可行性和实施步骤等特征。特指创造前所未有的工具或者器物，也可以是对现有事物的改良或者换代设计。

包装设计的构思阶段即设计理念的酝酿、成型阶段。包装设计过程中，设计构思始终贯穿于设计的整个过程。当设计定位已经确定，接下来就是用何种设计元素和怎样应用这些元素的问题，这也是设计创意所要解决的具体问题，即为产品寻求一种最具实用性、最具审美感、最具信息传达效力的表现方案。最终的目的是更好地传达商品信息、表现商品的价值、促进产品销售，进而塑造品牌形象。

好的构思创意是根据市场、商品、消费者等诸多方面的具体情况，做出的深思熟虑的视觉效果的预想。对于一种商品包装的设计构思来说，可供选择的设计元素很多，那究竟怎样更能突出商品的主题而有别于其他竞争对手，又能让消费者有"心动"之感。设计构思必须从整体出发，整体是由局部各要素内部因素有机维系的，而不是各要素的机械相加和拼凑。商品的主要特征首先是从整体形象中表现出来的，消费者对商品的认识和感受也是首先从整体形象中获得的。整体构思，要始终贯穿在设计的全过程中，并随着设计过程不断深化。设计水平的高低，首先取决于构思水平的高低，而把握整体是设计构思的关键。如果在设计构思过程中，缺乏整体的意识，就不可能塑造出一个完整的商品形象。

2. 包装设计构思的方法

设计构思的方法分为直接推销式和间接情感诉求式。

直接推销式：以商品的销售为中心出发点，将商品的形象直接展现在包装上，主要目的是将产品的特异性、优于其他竞争对手的信息突出出来。将产品的结构、功能等系统、条理地呈现给受众，表达直接、明了，使消费者通过了解产品的各种属性和信息后，对其产生信任和亲和力，最终实施购买行为。

间接情感诉求式：以企业的形象为象征元素，以消费者的情感、心理因素为设计出发点，将产品的物质信息之外的社会属性和文化含义，以及消费者使用商品时所产生的心理和精神上的满足等各种因素，用恰当的视觉符号或造型营造出具有感染力的视觉画面，来实现宣传商品的创意方法。间接情感诉求式的构思方法可以从以下几个方面进行：

第一，以商品内容作为主体形象。多用于自身形象悦目感人的产品和需要让消费者直接见面的产品。

第二，以品牌标志为主体形象。多用于名牌产品和品牌标志图形与产品内容直接有关的产品。

第三，以品牌的文字字体作为主体形象。多用于不宜直接表现具体形象的产品。

第四，以品牌的名称内容为主体形象。多用于通过品牌名称能产生美好联想和品牌名称本身包含美好内容的产品。

第五，以商品的原料为主体形象。多用于产品原料比产品具有更好的视觉效果和更能吸引消费者关注的产品。

第六，以产品的产地为主体形象。多用于传统产品和产地享有盛名的产品。

第七，以产品用途为主体形象。多用于日常生活中使用的产品和需要消费者了解具体用途的产品。

第八，以消费者为主体形象。多用于对消费者群体有明确指向的产品。

第九，以消费者喜闻乐见的内容做主题形象。多用于礼品包装和与传统风俗密切相关的产品。

第十，以抽象图案做主体形象。多用于产品内容适合以感觉和感受来意会体验的产品。

在进行具体的包装设计构思时应注意以下几点：

视觉传达的使命——表现商品属性：主题突出，设计要围绕商品的卖点进行，把商品的形象、品牌、品名等基本属性尽可能地强调出来，充分表达出商品的识别性和个性魅力。

美感的要求——选择主题形象：形式要为内容服务。包装设计不但要真实地传达商品的物质属性，满足消费的物质需求，而且还要运用不同的表现手段满足消费的精神需求，可利用摄影、绘画、装饰、漫画，夸张等手段塑造主题形象以赋予商品包装更多的艺术美感。

创新的要求——突出品牌：设计时要构思新颖、突破常规、宣扬个性。尽可能地采用有别于同类商品的视觉语言，在别人尚未留意的题材和角度上进行创意，为司空见惯的物品赋予新的内容，并以最富有表现力的手法表达出来，加强包装的感染力。需要注意的一点是创新必须以商品为中心，为突出品牌服务。

经济的原则——把握档次：设计师要把握商品档次充分考虑包装制作成本的问题。外在的立体造型不但要有创意还要实用，更要注意材料的节约，尽可能做到不浪费。再有就是材料的选择、印刷成本的预算等都不可忽视，可以多采用环保型的包装策略。

3. 设计草图的方法

有一本书叫《把你的草稿钉在墙上》，是一位在美国学习设计的学生编著的一本书，之所以用这句话作为书名，是因为它是作者在上课前每位老师都要说的一句话。澳大利亚工业设计顾问委员会曾经对设计毕业生具备的技能进行过排名，显示第一位的是学生应有优秀的草图和徒手作画的能力。可见，草图在创意设计中有着非常重要的地位。事实也证明，优秀的设计师在设计过程中都有大量而且丰富的设计草图。

其实，草图在设计之外的艺术表现中也有重要的地位。每一个艺术家在创作一幅作品时，都要进行反复的草图设计，艺术家达·芬奇就曾经用草图记录了大量的创意发明。这些草图告诉我们艺术家最初的创意是如何萌发，又是如何加以修正、推敲与完善，并逐步形成个人的艺术语言与风格的。

在包装设计中，包装草图是设计构思的一个必经过程，是为了寻找、解决问题所进行的思考、调查和筛选过程的视觉依据。在设计中，草图将各种信息随时随地地参与到思考的过程中，并且将各种游离松散的概念用可视形象作陈述的表达或记录，它是思维的纸面形式。经过大脑的思考，概念被转化成感性的形象表达在纸面上，在对这些视觉形象进行辨别和区分后，实际可行的形象会渐渐形成。这一过程涉及徒手绘画、视觉形象、眼睛观察与大脑思考等环节。通过这些环节可以对信息进行添加、削减或者改变，将其具体深化就可能成为一个创意方案。利用徒手绘画的方式，草图实现了设计者与其思维最好的交流。草图是思维的物化，研究的心得。虽然电脑在现在设计的应用中已经成为一个较为普遍的手段，但是手绘的草图以方便性与个性化仍然具有美学与原创性的意义。

一句话、一个图形、一个符号，或者是一个意象，任何自己的思维过程都应不加判断、不加修饰的记录下来。我们不需要知道它们最终是什么样子，它们也没有对错之分。学会及时地捕捉转瞬即逝的灵感火花，不放弃任何的信息点。有时无意识的、没有目的的一个小小的思维经验，往往可能触及你原来最不可能想象的东西，发现生动的视觉形象。

在利用草图进行包装构思的过程中，从手、草图、眼睛到大脑再到手，循环的次数越多、越细，你所能得到方案的机会也越多，产生新形象的可能性也就越大。其实这个过程也是理性思维与形象思维交互作用的过程。伴随着大量的视觉草图，你的思维就有可能发散开来，就可以将模糊的、不确定的设计意象进行融合、丰富，形成更成熟的概念构思。所以，从一定的意义来讲，设计草图比最后的正式作品更为重要，这是因为草案凸显着你的思维方式和创意轨迹，也体现着一种认知、体验和思考的经历，具有真正的思维流露。

因此，在包装设计之初不要急于找到一个方案而匆匆忙忙地走向结论。采取视觉的分析草图，从最初的概念开始，不断地探索、修改，直到最后找到一个最佳的方案。

（四）包装设计的实现

任何视觉语言，都涉及说什么和怎么说的问题，也就是内容与形式的问题。在包装设计中，设计创意最终要随着思维的发展以具体的形式表现出来。设计表现是设计构思的深化和发展，而不是终结。设计的成败取决于艺术构思与形式表现两个方面，独特巧妙的艺术构思需要一定的艺术形式才能得以充分体现。

从创意到具体的视觉形象是由抽象到具象的过程，它不是单纯的问题转化，而是一种富有诗意的"移植"。设计师冯斯·黑格曼这样解释："移植是把原先的位置移动或影射到一个新的环境中，从而为其赋予新的意义和不同的联系。这么做的目的在于让事物脱离固有的处境，获得新颖的视角。这个方法会让观众有意识地做出反应，并改变人们的感知。" 好的"移植"不会把肤浅的或不可能的东西强加于无形的状态，它会试图从无形中剥离出其中隐藏的形态，从而为无形赋予一个新的形态。

包装设计通常由立体的包裹性设计与平面的装饰性设计构成，因此，在包装设计表现中，它也主要涉及立体的平面设计和模型制作两种形式。如何最佳地给客户展现未来的设计效果，是设计师在与客户进行沟通时必须面对的关键问题。试想设计师的头脑中闪现着一个绝妙的创意，却无法呈现给客户，显然这是极其令人扫兴的。而如今随着计算机技术的迅猛发展，设计师们利用相应的设计软件既展示了印刷时所需的平面展开图，又模拟了包装容器的立体模型。

1. 包装设计的平面表现

包装设计可以应用电脑技术制作出平面的或立体的效果图，比如利用常用的设计软件 Photoshop、CorelDraw、Illustrator 等，可以准确、形象地表现出设计展开效果图。

平面展开图的制作，是依据设计师的手绘或电脑制作的草图，将立体的包装盒展开，并将包装的图案、文字设计安排在合适的展开位置上。包装平面展开图的制作中，要将每个面的尺寸计算精确，并留出模切、出血的尺寸，还要标清楚哪里是切线，哪里是压线，以利于印刷之后的折合成型。

标帖是直接附着于包装容器上的部分，相当于产品的名片，是产品最贴近的"导购"形式，具有传达商品信息、展现商品特色的作用。对标帖的表现，可以根据包装的造型灵活设计，巧妙构思，如形状可以是规则的标准形，也可以是复杂变化的异形，可以将其贴于容器上，也可以悬挂于包装容器的某一个部位。

另外，包装还有组合式的系列产品设计，也可以称为一个产品的家族式包装设计。这种表现要根据整体的视觉效果，来把握分体包装的造型、色彩等。它在设计时既要考虑每一个包装个体的个性，也要考虑到整体组合的效果。

2. 包装设计的立体表现

在平面设计表现的基础上，为了更直观地看到包装的最后效果，还要进行立体模型的制作。包装的立体模型的制作是包装表现的最后重要一关。主要包含两个方面的内容：一是纸盒结构的表现，另一个是石膏模型的制作。纸盒结构的表现首先要根据设计师画好的立体效果图，分析每个包装面展开后相互之间的连接关系，还要合理地设计粘口、插口的具体位置。目前国内包装容器造型的制模材料有很多种，比如石膏、泥料、木料、有机玻璃、塑料板和金属材料等。现在较为常用的是石膏这种相对廉价的材料。包装的立体模型的制作首先根据设计师事先画好的设计效果图，运用投影透视的原理画出产品三视图——主视图、俯视图、侧视图，然后用石膏粉兑水做出石膏容器的雏形，并依据选定的设计效果图对容器雏形进行雕刻，箱内烘烤，打磨，上色，印商标，油漆抛光等一系列工作。下面是石膏模型制作的方法和步骤：

第一，根据所浇注的容量，将适量的石膏加入清水中（一般情况下，水和石膏的比例约为1:1），然后搅拌1~2分钟并去除浮着的杂质。

第二，迅速将搅拌均匀后的石膏浆倒入事先用油毡纸卷成的圆桶内，并排出气泡。操作时动作要快，以免石膏凝固。

第三，待石膏凝固后，首先留有余地旋出基本形，或用刻刀、锯条等工具制作出坯形。

第四，将石膏模型细砂纸旋转打磨，成型。

第五，喷涂上色。

坭兴陶旅游工艺品开发及其包装设计

旅游工艺品是现代旅游经济产业链中的重要一环，它是旅游者的情感寄托所在，是游客和旅游地之间产生联系和回忆的重要载体，对于提升旅游地的知名度和品牌度有着深层次的意义。坭兴陶作为广西钦州的特色旅游纪念品，在广西北部湾大力进行旅游产业开发的背景下，应该积极进行新产品的设计开发和产品包装设计的革新。其意义在于：通过精心的调研和设计开发，可以为突破坭兴陶发展的瓶颈提供可能；其产品包装设计研究可以把好、把准坭兴陶旅游产品市场的脉搏，可以提高其产品及包装设计创新的科学性和及时性，促进广西坭兴陶旅游产品产业的发展。

一、钦州坭兴陶旅游工艺品发展现状

（一）坭兴陶旅游工艺品产品相对单一

钦州坭兴陶产品有艺术陶和日用陶两部分，其产品品种诸多，如艺术陶产品有花瓶、熏鼎、画筒、雕塑摆件、仿古制品等，日用陶如茶具（杯）、电饭锅内胆、花盆、咖啡具、餐具、陶罐等。从旅游工艺品的角度来看，因为受到交通、物流、消费习惯等因素的影响，能够为消费者所选择的工艺品种类却显得相对单一，主要以坭兴陶茶具和简单的小型摆件为主。

（二）包装形式单调、装潢设计不考究

笔者经过研究发现，坭兴陶旅游工艺品市场发展前景看好，但坭兴陶旅游工艺品包装设计仍然存在包装形式单调和装潢设计不考究的问题，其包装设计明显无法与市场需求接轨。部分坭兴陶企业也已经意识到目前的产品包装存在问题，并在积极地进行坭兴陶产品包装的改变。我们认为：良好的产品包装设计不仅能够保护产品，解决运输过程中容易出现的问题，更重要的是它能够增加产品的附加值，起到间接的促销作用。对坭兴陶产品包装设计的研究改进，不仅能够解决技术方面的问题，也能为钦州坭兴陶品牌建设提供帮助，对坭兴陶产业的发展也是一种支持和推进。

因此，创新设计坭兴陶旅游工艺品及其产品包装，提高其在行业内的品牌知名度，促进坭兴陶产品销售，已是迫在眉睫亟须解决的问题。对于现代坭兴陶生产企业而言，其旅游工艺品新产品开发及包装设计改革已成为企业市场经营活动的一个重要方面。

二、钦州坭兴陶旅游工艺品的创新设计探讨

（一）剖析目标旅游人群消费心理

旅游工艺品的目标消费人群是旅游者，是在旅游过程中产生的购买行为，它是需要具有地域文化特征和旅游纪念意义的有形商品。在旅游形式由观光式向深度体验化转变的过程中，旅游工艺品设计者和生产者应该深深抓住消费者的心理变化，把自己的产品做得更好，更加符合目标人群的心理需求。从旅游者的心理出发，在旅游地能够买到独特的能够引起回忆的具有纪念意义的工艺品往往能激起他们的购买欲，而能否给旅游者带来愉悦的心情又是另外一个重要的因素。

随着旅游业的升温和旅游消费者本身素质的提升，对旅游工艺品的品质要求有很大的提升，也更加在意消费体验。所以，旅游工艺品设计的内容和形式创新就显得格外重要。

（二）增加坭兴陶工艺品品类

一般而言，针对目标消费群体的不同，旅游工艺品分为基础档、中档和高端产品三类。第一层为基础档，即价格便宜、体积小巧、批量生产、种类繁多、色彩鲜亮、趣味时尚、老少咸宜的产品。约占总量的 60% ；第二层为中档，目标是锁定中产游客群，工艺品用材讲究、设计精美、制作复杂，具有一定的收藏价值，约占总量的 30% ；第三层为高端产品，多体现高超的手工技艺或高科技含量，具有升值潜力，且价格昂贵，以适应部分旅游者的需求。针对钦州坭兴陶工艺品，我们认为，在层次划分上应该更为细化，突出工艺品的艺术性和唯一性，在开发基础档产品的基础上加大中档产品的设计研发，同时要逐步进行高端旅游工艺品的设计和制作，以细分市场。

（三）突出广西地域文化元素

旅游工艺品的本质特征是地方特色，或称地方性。它具有一种地域性的相对优势，也是对旅游者产生吸引力和购买欲望的直接原因。诸如"目的地有哪些地方特色""如何将无形的地方特色融入有形商品之中"等问题，无疑是旅游工艺品设计研究十分值得深入的领域。广西壮锦、铜鼓、桂林山水等地域文化元素如何与钦州坭兴陶工艺品建立联系，将是坭兴陶旅游工艺品设计的方向所在，也是吸引旅游消费的重要文化因子。

（四）避免工艺品设计形式的同质化

如今的游客对旅游工艺品的品牌和地域特色，日益表现出正面的需求，已不再是人云亦云、跟风式的消费。所以，一定要对消费者的需求进行分析和满足，使自己的旅游工艺品显示出差异化和品质化，才能激发消费者的购买欲、带来消费心理的愉悦。这就需要我们从设计概念上进行创新，在设计形式上进行改变，要拒绝简单复制和对原创性设计的忽视。

三、钦州坭兴陶旅游工艺品的包装设计创新

钦州坭兴陶属于易碎品范畴，其包装设计首先要保证其保护功能，同时在结构形式和装潢设计上新颖别致，才能够满足现代旅游消费者的需求。而坭兴陶旅游工艺品作为具有地域文化特征和旅游纪念意义的有形商品，有着其他商品无法比拟的文化内涵。因此，其包装设计在突破常规，强调对自然、健康、环保的绿色设计的追求的基础上，还应体现地方民俗文化，注重特定的自然与人文环境的表达。

（一）包装材料的环保性

现代包装设计的材料没有绝对的环保，我们要强调的是要选用合适的和方便回收循环使用的包装材料。以坭兴陶茶具为例，我们建议使用瓦楞纸和珍珠棉（做内部缓冲所用）等，一方面易于成型，另一方面也可以为包装装潢设计提供更多的设计可能性。诸如市面上流行的泡沫等包装材料，无论从环保的角度还是美观的角度，都不适合出现在旅游工艺品包装上。作为旅游工艺品的生产企业和包装设计师，应该从源头上进行把控，杜绝非环保包装材料的使用。

（二）包装结构设计的安全性

钦州坭兴陶工艺品属于易碎品，其携带具有不方便性，这就对其包装结构设计提出了较高的要求。我们认为：包装结构设计的安全性除了来自于包装材料本身的保护以外，应该在内部的结构方面给予更多关注。如黏贴式纸盒（箱）内部结构应该进行空间区域划分，使得产品各自具有独立的空间，不致因相互碰撞损坏，也避免了因包装填充物所造成的浪费与污染；再如折叠式纸盒，应在包装材料的硬度和厚度符合要求的情况下依据产品造型选择合理的结构形式（如手链、项链选用曲面造型的包装盒，小件挂饰可选用天盖地式包装盒等）以表达坭兴陶工艺品手工艺的细腻与精湛，减小包装体积，节省包装材料。

（三）包装装潢设计的品牌化

以旅游消费需求为中心，以品牌塑造和文化远见为导向，用有限的成本去创造更大的价值，才是旅游商品包装的可行之道。而要创造更高的"价值"，其核心在于设计。包装装潢设计对于产品品牌化的建立可以说是起着至关重要的作用。就坭兴陶工艺品包装装潢设计而言，应注重产品包装材料与图形语言的结合，注重钦州地域文化特色及其民族文化元素在产品包装上的体现，这种结合与体现绝不是简单的描摹，而应透过外在形式把握其精神内涵，并将这种内涵转化为设计形式体现在坭兴陶旅游工艺品包装中。同时，要通过企业品牌标志、形象色、系列化的包装形式打造自身品牌，借助文字、图形、色彩等有形元素并结合现代版式编排设计，构建企业自身的独有视觉形象，突出自身品牌的优势，让坭兴陶工艺品真正走出品牌化的道路。

（四）坭兴陶工艺品包装设计方案

本着以上设计原则，笔者尝试着为钦州坭兴陶茶具和手链等工艺品设计了系列化的包装形式，在保持基本的包装保护功能的基础上，突出其产品的文化性和地域性，希望可以作为钦州兴陶旅游工艺品包装设计的一种参考。

如钦州"陶器匠"坭兴陶茶具系列化包装设计。其在结构方面采用的是传统的天盖地式包装盒结构，椭圆形图形的合理变化使用是本包装设计作品的一个亮点；在色彩方面采用具有海洋气息的蓝色（C87，M75，Y48，K11）作为包装的主色调，突出钦州的地域环境，搭配黑色的文字，与白的底色从明度上形成强烈的对比；作为品牌名称的"陶器匠"三个字则采用断笔与连笔的设计手法强调了品牌名的艺术性与整体性，并作为产品标识出现在包装盒的主要展示面，既是对包装装潢设计中图形元素的一个主要补充，也是对企业品牌形象的推广与强调。

再如钦州"小造"坭兴陶旅游工艺品的系列化包装设计。其采用黏贴纸盒配以旋转轴的形式，通过拉动红色丝扣，使包装盒的白色部分围绕红色的圆进行旋转，而被包装物也是在旋转的过程中一点点显现出来；色彩方面则采用火热的红色（C0，M100，Y80，K20）作为包装的主色调，寓意坭兴陶产品在烧制过程中历经千锤百炼、浴火涅槃，最终呈现在世人眼前的多彩的窑变过程，搭配同色系的丝线扣与黑色的装饰图案，与白的底色共同构成简洁明了的色彩空间；装饰图案则选择了独具壮族特色的壮锦纹饰，它采用回纹、万字纹和水波纹等几何纹样与自然物象以二方连续的形式进行或曲或直的延续，均衡且富于变化；品牌名"小造"则是采用中国传统书法，从空间上进行有机结合，使之成为一个整体，并作为产品标识以反白的形式出现在包装盒的红色圆底上，在风格上与装饰图案形成统一；将传统的书法、具有民族特色的壮锦纹饰及说明性的文字进行现代的版式编排设计，在富含传统元素的意境中流露出现代气息。

　　总而言之，通过分析、比较和设计实验，我们可以得知：钦州坭兴陶工艺品的设计内涵和外延有着极大的可能性和可操作性，附之以合理的包装设计外衣，相信它一定会在北部湾地区旅游市场占有更大的份额。

五、包装图文设计与印刷制作工艺

（一）包装图文设计

1. 符号文字

文字是人类信息交流的重要途径。作为一种记录语言和传达语意的符号形式，它在包装设计中具有内容识别与形态识别的双重功能。一方面，人们只有通过产品包装上的文字，才能清晰地认识与了解产品的许多信息内容，如商品名称、标志名称、容量、批号、使用说明、生产日期等；同时，经过设计的文字形态，也能以图形符号的形式给人留下深刻的印象。现在，文字在视觉传达设计中已提升到融会启迪性与审美性的新视角。经过精心设计的文字完全可以提升整个产品包装的设计效果。可以说，文字是包装设计的灵魂。

在包装设计中，文字是产品信息最全面、最明确、最直接的传达方式，必须使用销售对象的共同语言，以期达到共同交流的目的。为了保护商品以及消费者的权益，世界上许多国家的包装法规均注重在设计中规范文字的使用，以确保消费者能够准确地识别和理解。从各国的包装法规来看，任何一种商品的包装必须首先要用自己本国的文字，其次才可用其他国家的文字来传达商品的信息。另外，包装文字中，药品文字规定要求十分严格，如：中国国家食品药品监督管理局令第 24 号《药品说明书和标签管理规定》中要求"标签的文字应当清晰辨认，标识应当清楚醒目"，"应当使用国家语言文字工作委员会公布的规范化文字"，"药品通用名称应当显著、突出，其字体、字号和颜色必须一致"，"对于横板标签，必须在上三分之一范围内显著位置标出；对于竖版标签，必须在右三分之一范围内显著位置标出；不得选用草书、篆书等不易识别的字体，不得使用斜体、中空、阴影等形式对字体进行修饰；字体颜色应当使用黑色或者白色，与相应的浅色或者深色背景形成强烈反差；除因包装尺寸的限制而无法同行书写的，不得分行书写"等。

1）包装设计字体

在大多数包装设计中，更多的是一些说明性或解释性的文字，我们习惯称之为"展示字体"。关于字体选择最需要考虑的因素是产品的属性及其所诉求的目标市场，这些因素必须转化成适当的字体语言。在包装上使用何种字体需要考虑以下几个方面：第一，与产品保持一致；第二，所需的字体大小以及翻译成其他语言的情况；第三，印刷用的承载物；第四，印刷工艺；第五，色彩以及行间距等。

包装设计字体主要分为中文与英文，也就是我们常说的汉字与拉丁文字。而最为常用的字体是印刷体、手写体、美术变体三类形式。

印刷体，即用于印刷的字体，它是经过预先设计定形并且可以直接使用的字体。从整体上来说它是应用最为广泛的字体，因此，清晰规整是它的主要特点。具有美观大方、便于阅读和识别的特点和优势。汉字印刷体主要包括黑体、宋体、仿宋体、楷体、圆体等；拉丁字包括罗马体、格特体、意大利斜体、草书体等，其中每一类都包含着多种变化形式，可以派生出许多新的字体。第一，老宋体：横细竖粗，笔画严谨，带有装饰性的点线，字形方正典雅，严肃大方，间隔匀称，其书体挺拔，富有骨气，结构平正、秀美、古朴典雅，是最具易读性的字体。如：传统的商品包装，以及传统工艺品、酒包装都适合采用老宋体。第二，仿宋体：笔画粗细一致，讲究顿笔，挺拔秀丽。第三，正楷体：接近于手写体，较丰满。第四，黑体：笔画单纯，浑厚有力，朴素、醒目、大方，无多余的装饰，具有强烈的视觉冲击力，内外空间紧凑，有力量感和重量感。如：商品中的杀虫剂包装、小机械商品包装等，往往采用结实、粗壮的黑体字体。

手写体主要指书法体，是一种借鉴中国书法艺术，经过精心设计处理的字体。书法体具有灵活、多变的特点，本身具有一定文化寓意和精神意念，代表不同时期的历史文化背景与设计风格特征，也具有极强的民族文化感和浓厚的民族韵味，因此多用于传统商品和具有民族特色的商品包装中。手写体一般分为"真、草、隶、篆"四体，或者"真、草、隶、篆、行"五体。汉字中不同的字体具有不同的表征，凡在商品包装视觉设计中使用大篆、小篆、楷书、魏书、行草书，一定会富有强烈的民族气息，能更好地体现商品的传统价值。中国传统的老字号产品，在包装上多用书法体。在日本的包装设计中，书法体也是一种非常普遍的表现手法。

另外，POP 字体也是手写体的一种表现形式，它具有随意、活泼、趣味性的特点。美术变体字是以美术字为原形，经过外形、笔画、结构、象形等的变化，形成丰富多彩的字体形象。它也是产品标志常用的表现方法。

2）包装设计文字内容

包装文字主要包括品牌形象文字、资料文字和广告文字三大类。品牌形象文字，一般包括品牌、品名、企业标识与生产者信息等，它反映了产品的基本内容，是包装设计中主要的字体表现要素，无论是面积、色彩等都应占有突出的地位，因此常常安排在主要的结构面上。资料文字主要包括产品型号、规格、体积、容量、成分以及使用方法、用途、期效等说明性的信息内容，一般出现于包装的侧面、背面等次要位置，也可以另设计单页附于包装内。它要求内容清晰、可读性强。广告文字主要是指用来宣传产品主要特点的推销性文字，即广告语。它一般表现较为灵活、生动，通常是一个词或一句话，能起到诱导消费者的作用。但是其视觉性不应过于夸大，以免喧宾夺主。文字大体上讲有书法、刻画、印刷等三种制作方式。随着现代计算机技术的发展，又给文字书写增添了新的形式，如喷墨打印、激光打印等，不同的制作方式影响着文字字形的变化。文字的书写由最初的图画线条刻画，到毛笔书写，再由刻版印刷制作方式的出现，到印刷字体的普及。

3）文字设计的编排形式

包装设计中的文字编排设计主要考虑可读性与图形化两个方面的因素。可读性是强调了包装文字的主要功能——告之功能，它使消费者能清晰地认知产品；而图形化则是强调了文字非阅读性的装饰功能，它重在文字的造型设计。

首先，作为产品的宣传性与引导性的文字设计，应首先具有良好的识别性。在文字的编排时，应首先考虑字体、大小写与文字的粗细。字体的选择需要对产品历史、品类、特性有充分的了解。选择字体没有对错之分，但是，设计的成败很大程度上取决于字体的选择和运用。在设计当中学会自问：选择这样的字体是否能表达它自己？它是平稳、优雅、活泼，还是刺激？它能否与其他文字和图形相协调？它是否容易辨认？当字体得以确定，就需要考虑文字的大小写。字体的大小写具有不同的形象特征，大写比较有力、严肃，小写则比较随和、轻松。在设计时要看一下字体大小写在版式中的不同效果。文字的粗细能够影响到视觉的冲击力，选择哪一种粗细的文字最能表达所表现的内容呢？它与其他文字的关系怎样呢？是追求对比呢，还是体现和谐呢？这都需要不断地比较、实验。另外，字号、字距与行距等关系的选择与处理，也是包装设计的基础。我们不仅要考虑字体风格与商品内容在性格与象征意义上的一致，而且还要考虑字与字、行与行，以及字体疏密、笔画粗细、面积大小、方向位置等关系。

一般来讲，在包装版面中，根据内容物属性选择两到三种字体为最佳视觉效果，这样可以防止包装版面的凌乱，在两到三种字体中进行拉伸、变形便可以取得较好的效果。字号表示字体的大小，在计算机中，字体的大小通常采用号数制、点数制和级数的计算方法。其中，点数制是世界常用的计算字体大小的标准制度。"点"通常称为磅（P），每一点等于 0.35 毫米。在现代设计中为了取得更加清秀、高雅、现代的视觉效果，文字字体有越来越小的趋势，但要考虑文字的阅读性。字距与行距的选择没有绝对的标准，以往的版面字体一般是 8：10，即字体是 8 点，则行距是 10 点。现在，为了追求设计的特殊效果，字距与行距已灵活地应用，疏松的字距排列可以使版面轻松、自由，而紧凑甚至是没有缝隙的字体排列，则使版面形成特殊的视觉效果。

其次，文字也可以作为图形化处理。包装设计中的文字图形化主要是指将文字作为图形的一部分，使其成为图形文字。图形文字的特点在于文字的可读性与非可读性之间，既是文字，又区别于一般的文字。它根据文字的字义而进行设计，但它的表现又与字义无关。它不强调文字的可读性，而是利用文字本身的造型变化，来突出文字图形的魅力。

文字编排没有固定的模式，一般常用的类型有横式、竖式、斜式、圆形、阶梯、重复等形式，这些编排类型可以相互结合，也可以派生出其他的设计构成形式，但前提是必须围绕产品为中心。在现有字体的基础上，包装的文字设计有必要进行变革和创新，才能创造出具有独特的视觉形式和象征性艺术特点的字体。汉字高度的符号性特征完全符合现代设计造型的思路，应该在现代包装设计中加以广泛应用和发展。为了达到这一目的，我们认为文字设计的自由形式倡导是必要的：

（1）体验自由形式，并提倡和肯定自然流露的东西。

（2）对字体的轮廓进行加工，随意弯曲或延展箭头。

（3）在 3D、动画或排版方面制造文字动态效果。

（4）由平面向立体做字体的空间延伸。

（5）用鲜明的黑白单色在包装的六面体上构造文字。

（6）把文字分解后融合在一起进行包装版式设计。

（7）把文字作为素材制成象征形象，用丝网印刷。

（8）把商品的形象变成文字形象标识。

（9）以一种搭积木的感觉来制作字体，在文字的构造中构筑出空间感。

（10）包装盒面的文字切割，凹凸压印、烫金。

2. 创意图形

1）图形设计的原则

追求个性张扬和风格化的现代商品市场，包装不是以呐喊的方式，而是以展示吸引的互动方式让消费者产生兴趣和购买欲望。包装设计的图形与文字相互配置，是非常重要的形象体现方式。在包装设计当中，图形为实现主题服务，为塑造商品形象服务。图形在包装设计中具有迅速、直观、表现力丰富、感染力强等显著优点，从内容上可以分为产品的形象、标志形象、消费者形象、借喻形象、字体变化形象、辅助装饰形象等。

对于包装图形创意而言，丰富的内涵和设计意境对于简洁的图形设计显得尤为重要和难得。在现代包装设计中，图形不仅要具有相对完整的视觉语义和思想内涵，还要根据形式美的规律，结合构成、图案、绘画、摄影等相关手法，通过计算机图形软件处理使其符号化，在包装设计之色彩、文字等要素中凸显其独特的作用。

在具体的图形设计中，要根据具体产品特性，正确划分目标消费群、了解消费者的价值观和审美观等，采用多向、多元、多角度的思维模式对包装的主要展销面上的图形进行精心的设计，形成新颖独特并具有亲和力的图形形象。其基本设计原则如下：

（1）准确传达信息

图形是一种有助于视觉传播的简单而单纯的语言，人们对其传达的信息的信任度超过了纯粹的语言。就图形表现方法而言，无论是直接表现还是间接表现，具象表现还是抽象表现，都要力求准确地传达信息。

（2）鲜明的视觉个性

包装设计必须要有新颖独特的视觉效果，要具备独属自己的设计风格特征。图形样式要求简洁生动、与众不同。具体来说，要跳出固有的设计模式，以全新的理念进行创新设计。

（3）恰当的图形语言

图形语言的运用具有一定的局限性和地域性，不同国家、地区、民族的风俗不同，在图形运用上也会有些忌讳。如：意大利人忌用兰花；法国人禁用黑桃；我国较喜欢的孔雀图形，在法国却不受欢迎等。

（4）目标吸引性

在包装图形设计中，要利用各种创意和手段，使包装形象能迅速地渗入消费者潜意识，促使人们不知不觉中产生兴趣、欲望，进而决策及购买。图形在包装视觉传达中，主要利用错视、图与背景处理来实现。错视是利用图形构成变化引起观者产生情绪心理活动。如：图形"圆"点，放在上方，力量提升；放在下方，重心下降，有稳重感；把点分放在画面两边，则加大了动感等。这种错视效果，能够使图形在包装设计中产生视觉假象，顺应消费者的视觉感受。

（5）具备健康的审美情境

现代商品包装不仅仅是一种商业媒介，更是一种文化产品，它代表着一定时期的审美与文化特征。因此，在包装图形设计中，色情、迷信、暴力等内容是不适合用于包装设计的。

2）图形设计的表现形式

包装设计师必须知道如何创造出属于商品本身的形象，他可以使用现有的图像，也要了解如何在具象图形和抽象图形之间做出选择。

（1）具象图形

在设计项目的概念初始化阶段，包装设计师可以通过直观的草图或撕下来的资料表达自己的想法。尽管它可能不太精确，不过足以传达设计理念。另外，图片库里还有众多可以在线获取的图片，要注意的是：使用图片库的资源要谨慎，因为他们的营业收入来源于出售图片。在将图片用于最终的设计之前，必须查看它需要的具体费用。

在众多的图形形式中，具象图形以它特有的表现优势，在现代包装设计中准确有效地传播信息，同时具有极高的艺术审美价值。具象图形主要是通过摄影、插画、绘画等方式来完成对产品客观形象的表现，其获取方式，主要有以下三种：

① 摄 影

摄影是现代包装设计图形应用最普遍的一种形式，它逼真、可信、感染力强，尤其是以最需要直接用形态、色彩等真实形象来展示的商品，如食品、水果、服装等，最适合用摄影的方式。相比其他图形表现，它的优势在于能清晰地还原商品的外貌特征，对消费者心理产生强烈的诱导性，激发消费者的联想，感染消费者，并激发消费者的购买欲。

② 插　画

插画是由传统写实绘画逐步向夸张、变形等抽象方向发展，强调意念与个性的表达，通过各种表现方式强化商品对象的特征与主题。现代产品包装插画主要通过喷绘法、素描法、水彩画法、马克笔画法、版画法等手法实现，表现不同的视觉效果。随着现代科技的进步出现了 Illustrator、Painter 等插画软件，为产品包装插画创作提供了新的天地和新的图形语言，增强了插图的表现力和感染力。目前市场上大量 CG 插图包装的出现，已成为一种流行时尚，它以独特的造型和艳丽的色彩吸引了众多消费者的眼球。

③ 传统素材

在包装设计图形处理时，除了采用摄影和创作插画之外，许多特定的产品包装还借用传统素材进行创作。主要有水墨画构成法、书法图形化、中国画素材新构成、民间艺术题材新设计等。如：日本的某些传统包装图形设计常常运用浮世绘、民间木版画等表现形式烘托商品的民族传统特色。我国也常常可以从许多茶叶、酒类等传统包装上看到历代名画，表现出产品的档次与文化品位，使消费者对产品产生信赖感。

（2）抽象图形

抽象图形是利用造型的基本元素点、线、面，经理性规划或自由构成设计得到的非具象图形。有些抽象图形是由实物提炼、抽象而来的。其表现手法自由、形式多样、时代感强，给消费者提供了更多的联想空间。

富于现代美、形式感强的抽象图形包装容易为人们所接受，设计者为追求包装的视觉效果差异和现代美感，往往采用抽象设计。采用抽象的设计手法来表现香烟、药品、香皂、牙膏、洗衣粉、矿泉水、调味品、生理盐水等特定商品的内容，已是目前世界上包装设计的显著特点。通过现代技术手段所产生或呈现的种种特异的规则和不规则的几何纹样画面的特殊效果，具有非同寻常的几何形态感、不规则色块感、特殊立体感、深远感等。采用这种抽象语言，以某种似是而非的视觉效果，能够创造出特殊的包装视觉形态，成功地表达商品的内在意义。

（3）装饰图形

装饰图形是介于具象与抽象图形之间的图形，它是对自然形态或对象进行主观性的概括描绘，它强调平面化、装饰性，拥有比具象图形更简洁、比抽象图形更明晰的物象特征。它通过归纳、简化、夸张，并运用重复、对比、图底反转等造型规律创造极具个性的图形，具有很强的韵律感。对于装饰图形在包装设计中的运用，应根据产品的属性和特点选用适当的素材，按照一定图案造型规律进行图形设计，突出产品的形象特征。

在运用装饰图形时，一定要注意与现代设计观念的结合，应该从传统纹样中提取精华，形成新的民族图形，使其成为现代包装图形设计的新元素，使设计作品得到进一步升华。值得注意的是：在运用这些装饰图形时，应选用与商品内容相符的图形，以便加强图形的诉说和传达能力。

总之，作为包装设计中的重要元素，无论采用哪一种图形媒介，都必须能有效地吸引人们的注意力，使人产生一种阅读欲望，并且能以人们喜爱的方式传达一种信息。俗话说，只要对"味"，就能吸引消费者。

3）商品包装条形码

条形码是商品包装图形要素的重要组成部分，而在我们具体的包装设计教学中却没有重点涉及，在此专列一条进行讲述。

所谓条形码，即是一组宽度不同的平行线，按特定格式组合起来的特殊符号。它可以代表任何文字数字信息，是一种为产、供、销等环节所提供的信息语言，为行业间的管理、销售以及计算机应用提供快速识别系统。条形码作为一种可印制的计算机语言，未来学家称之为"计算机文化"，它是商品进入国际市场的身份证。世界各国间的贸易，都要求对方必须在产品的包装上使用条形码标志。

条形码一般由13位数字条形码组成，第一位到第三位数为国别代码，第四到第七位数为制造厂商代码，第八到第十二位数为商品代码，第十三位是校验码。它由四部分信息标识组成，即条形码管理机构的信息标识、企业的信息标识、商品的信息标识和条形码检验标识。通常应用到商品包装上的条形码有两类：一类是原印条码，即在商品生产过程中已印在包装上的条形码；另一类是店内条码，即专供商店印贴的条形码，它只能在店内使用，不能对外流通。

在包装上印刷条形码，已成为产品进入国内外超级市场和其他采用自动扫描系统商店的必备条件。为进一步推动我国产品的出口，提高市场占有率，积极采用条形码技术已成必然趋势。另外，值得注意的是：条形码是一种特殊的图形，它必须符合光电扫描的光学特性，其反射率差值要符合规定的要求，即可识性、可读性强。其颜色反差要大，通常采用浅色做空的颜色，采用深色做条的颜色，最好的颜色搭配是黑条白空。其中，红色、金色、浅黄色不宜做条的颜色，透明、金色不能做空的颜色。商品条形码的标准尺寸是

37.29 mm×26.26 mm，放大倍率是 0.8~2.0。印刷条件允许时，应选择 1.0 倍率以上的条形码，以满足识读要求。

3. 韵律色彩

色彩对于包装设计来讲起着举足轻重的作用。当我们站立于琳琅满目的商品货架前时，首先映入我们眼帘中的便是商品包装的色彩。事实上，色彩比形状更容易被人所接受，心理学研究也表明，人在观察物体时，色彩在人的视觉印象中占了最初感觉的 80%左右。在五彩斑斓的商业包装上，色彩不仅关系到商品的陈列效果，而且还直接影响着我们的情绪。因此，在包装设计中对色彩的处理是一个非常重要的环节。

汉斯·霍夫曼说过："色彩作为一种独特的语言，本身就是一种强烈的表现力量。"它不仅是绘画最具有表现力的要素之一，也是最能引起人们审美愉快的形式要素。有人说，色彩是跳动的音符。的确，色彩与音乐在相同的表现性质上存在着知觉上的对应，两者有着许多共同的形式因素。在包装行业中，色彩常用来表现产品的类别、文化内涵和情感传达。在具体的设计过程中，需要注意的是人们"阅读"色彩的速度要远快于文字，某种特定的颜色会引起人的内在情感反映，设计师的责任正在于去平衡这些经常与设计参数相矛盾的色彩信息。

1）包装色彩的功能

（1）美化功能

包装色彩的运用是同整个画面设计的构思、构图紧密联系的。优美得体的色彩，能更好地宣传产品，陶冶消费者的心灵，这正是色彩的力量体现。包装的色彩要求平面化、匀整化，要求在一般视觉色彩的基础上，发挥更大的想象。它以人与人之间的联系和对色彩的习惯为依据，进行高度的夸张和变色，是包装艺术的一种特长，同时包装设计的色彩，还受到工艺、材料、用途、销售地等的制约。

（2）识别功能

在自助式的零售区域，色彩最重要的功能是为产品分类，以及区分不同的产品。在大多数情况下，色彩被用作产品分类的代码，引导品牌进行分类，是一种将色彩作为消费者识别商品的行之有效的方法。对任何一个包装项目，设计师都必须熟悉该市场及其色彩习惯，查看销售点的状况、分析色彩的使用是非常必要的。

（3）促销功能

色彩能够把商品的相关信息，真切、自然地表现出来，以增强消费者对产品的了解和信任，引导消费者进入包装设计的特殊语境之中，使观者对产品留下深刻的记忆，引起共鸣，促使消费者辨认购买。值得一提的是，把色彩作为传达企业意识的一种工具，对企业的经营理念和企业文化进行广泛宣传，能有效地树立产品和企业的威望，吸引潜在的消费。

2）包装色彩的特征

（1）情感性

我们对特定颜色的反应常常是与生俱来的，而非理性的。包装的色彩设计要求能够体现出某些情感意义，以便在无意识的、直觉的层面上产生交流，而不止于有意识的、分析性的视觉层面。我们用于描述色彩的词汇通常都是它们在情感上的联系，如紫色"富有"而绿色"新鲜"等。毫无疑问，包装会将这些情感价值体现在产品的基调上。

（2）象征性

色彩具有象征性，它在包装设计中的任务是传达商品的特性。在包装的视觉传达设计当中，要通过鲜明的色彩来明确商品信息的传达和包装视觉审美传达的实现。在设计中，要讲究整体布局，通过色彩充分表达出产品属性，加强上市产品包装的色彩效应，吸引消费者的第一视线。

（3）民族性

色彩视觉引起的心理变化非常复杂，它根据时代、地域或个人心理等诸多方面的不同而有所区别，不同的民族和国家对色彩含义的理解是很不相同的。如：英国钻轮生产商会在产品包装上使用深蓝色，而意大利则用黑色，因为在这些地方更喜欢有男子气的形象；中国人对红色和黄色的推崇，也使其成为中国传统包装的标志性色彩；而日本食品包装的清淡色彩搭配，也透露出日本独特的民族文化气质。

3）包装色彩的设计定位

合理的色彩计划和色彩搭配在包装中占有重要的地位，而如何搭配则依赖于设计师个人的文化和艺术修养。包装的色彩设计要求明快简洁，有吸引力和表达力，适应消费者心理和生理需求，并考虑经济成本和工艺条件的可实施性等。如：

（1）酒类包装色彩设计定位：宜选用成熟稳重、高贵典雅、色彩浓重而饱和度低的色彩，重在传达酒的悠久传统和杰出的品质。

（2）日用品包装色彩设计定位：宜选用同色系进行色彩搭配；选用高纯度的色彩；对比色进行面积上的对比；降低对比色的纯度。

（3）食品类包装色彩设计定位：常用蓝紫色搭配，体现高贵、浪漫、敏感的气质，感性随和并富有幻想；橙色和绿色的使用，能让人联想到食品丰富的营养；在绿色环保包装日益得到提倡的现在，牛皮纸等本色包装也日益受到青睐；倾向于食品本色的红黄暖色的使用则富有诱惑力，能激起人们的食欲。

（4）电子产品包装色彩设计定位：宜用同一色系，突出高科技感；黑、白、金、银等中间色的使用，能够柔化对比色之间的矛盾，冷静而尖锐。

另一方面，在包装设计上色彩的运用也不再停留于传统的理解认识上，如：食品业中，传统观念认为应多用易于产生食欲的暖色调进行设计，但如"趣多多"食品在色彩上则运用了传统工业包装设计中的蓝色，"怡口莲"食品也用了被视为神秘的紫色，而"汰渍"洗衣粉却用了食品业中的桔色。这样的例子还有很多，它们一反常态的色彩理念给消费者留下深刻的第一印象，使产品品牌形象深入人心，为提高销售发挥了不可忽视的作用。在改变色彩的同时，设计者紧紧抓住产品原有的本质特征，在图片、图形、视觉符号等元素上准确反映了产品的信息。这是包装设计在平面视觉上取胜的原因，也是制胜的规律。

4. 平面编排

包装设计的视觉传达语言主要由视觉符号和编排形式来展现。把各种视觉符号加以整合，充分表达设计意图，是平面编排的任务所在。严格意义上说，我们可以把包装设计看作一个"视觉场"，设计者必须有意识地将其中的视觉元素联结起来，并找出元素之间的关联原理，即设计的形式法则、结构系统等，并根据图形、文字、空间、比例等因素按照形式美法则，进行组织编排，使包装画面具有一定的视觉美感，同时体现文化内涵。

1）包装视觉要素的构成关系

（1）图形与图形

图形在设计中一定要准确传达设计意图，抓住商品主要特征，并注意关键部位的典型细节。在具体的包装面的图形处理上，要注意大、小面积图形的合理搭配和使用。大面积图形生动、真实，并具有向外扩张性；小面积图形精致、细巧，具有内在稳定性。大小面积图形的合理搭配使用，可以产生视觉内外的节奏变化和版式空间的深度变化。要注意的是：一定要明确版面的主题与从属，重点与一般的视觉信息传达。

（2）图形与文字

相对于图形而言，文字表现是静态的。在同一版面之中，图形、文字与空白这三者构成了富于形式变化和比例关系的版式。大面积的文字有利于信息容载量，结合一定的空白表现，更利于理性诉求。在具体的包装设计中，图形与文字的关系应灵活多变，保持整体的活泼奔放，调整局部的刻板生硬。

（3）文字与文字

文字不但具有直接的信息传达功能，并具有良好的装饰功能。包装主题的表现大多需要文字。包装设计中要处理好文字在整体设计中的位置、大小、比例以及文字本身的字体与色彩等。一般消费品包装，主题文字宜突出，可以安排在包装的视觉中心；高档消费品包装，主题文字宜作优雅处理，文字位置也可安排在非常规位置，在破格的构成当中求新奇。另外，草书、木刻版文字、石刻文字以及各种古文字等，可以产生很好的装饰设计效果。

（4）色块与色块

任何色块在包装设计构成中都不应该是独立出现的，它需要同上下、左右、前后诸方面色块相互呼应，并以点、线、面的形式作出疏密、虚实、大小的丰富变化。具体的包装面色块设计应根据内容、图形、效果等区分色彩的主次关系，即主导色、衬托色和点缀色。

（5）各包装面之间

包装设计并不是单纯的画面装饰，它是包装各要素的系统安排和整体协调。各个包装面的处理应注意整体性、联系性、生动性等基本原则和方法。在处理过程中要有一种基本构成格局与构成基调，进而支配局部成分的具体处理。如：同一图形、同一色块在不同包装面连贯式的构成处理，可以形成较好的销售陈列效果，产生统一的形象感。

2）包装视觉设计编排

（1）视觉秩序设计

包装视觉秩序设计，是利用人的视觉焦距，按照视觉先后的习惯，有计划地安排包装设计各视觉元素的主次以及各包装面视觉焦点的顺序，使整个包装设计富于内在逻辑性，使各个元素之间构成一个和谐的整体。它主要涉及包装的视觉轻重节奏和视觉先后顺序两个方面。这就要求设计师要正确处理好主题与陪衬、对称与平衡、对比与协调等的关系，做到既要突出主题，主次分明，又要层次丰富、条理清楚。

（2）设计编排基本方式

包装设计视觉编排形式丰富多样，大体上常用的构成类型如下：

① 对称式：可分上下、左右对称两种；稳重、平静。

② 垂直式：视觉元素采用竖向排列，以文字最为典型；严肃、挺拔，适合长、高产品包装。

③ 倾斜式：由下往上或由上往下排列；方向感、速度感很强；要在不平衡中求平稳。

④ 弧线式：包括圆式、S线式、旋转式等；构图形式灵活多变，圆润活跃；给人以浪漫、流畅、舒展的视觉感受。

⑤ 散点式：没有严格的排列格式，但聚散有序；形式自由、奔放、空间感强。

⑥ 中心式：主要元素置于画面中心位置，视觉安定，形象突出；层次丰富。

⑦ 重叠式：画面中各元素多层次重叠；画面丰富立体，有律动感；处理不当会产生信息混乱的感觉。

⑧ 综合式：构图形式没有明显倾向；形式往往介于两种构图形式之间，无固定规则，变化灵活。

（二）包装印刷制作工艺

包装设计一个最重要的原则是设计必须在制作上是可以实现的，而与此联系最为紧密的便是印刷技术。印刷是借助印刷机械设备，使用印版、油墨、有色颜料或其他方式，将原稿上的图形、文字信息转移到纸张或其他材料等承印物上的工艺技术，它是一种可复制性的、广泛传播视觉信息的技术手段和方法。

作为包装设计人员，了解有关印刷的知识是一个非常重要的内容。设计师陈幼坚曾经说过，印刷知识对一个设计师来说，与其设计创作同等重要，因为它不仅能正确展现设计师的设计创意，而且还能升华设计师的创意意境。我们不但需要懂得印刷技术，而且还应该会合理地应用它，使它发挥最大的作用。有经验的设计师总能够超越于现有的印刷设备与技术，实现或提升自己的设计构思。相反，对印刷技术一无所知，往往会使自己的设计无法印刷或难于印刷，导致设计无法达到自己的理想效果。

因此，只有充分了解印刷的设备、印刷的原理、印刷的工艺、印刷的流程等知识，才能使我们的包装作品实现最初的设计构思，达到最为理想的效果。

在包装印刷工程中，一般将整个印刷分为印前、印中、印后三大工序，印前包括电子设计文件的输出、分色、制版、拼版、打样等；印中为印刷过程；印后指印刷完的后期处理，包括折光、覆膜、烫金、垫衬等。在从设计到成品的整个印刷过程中，有四个基本的决定性要素，即印刷机械、印版、油墨和承印物。总之，一件成功的包装印刷成品需要设计、制版和印刷的密切配合。作为设计人员，只有充分了解了以上的工序，才能避免出现不必要的错误和浪费。

1. 电子文件输出

在传统的包装印刷中，印刷之前必须要绘制制版稿——俗称黑白稿、墨稿，然后在黑白稿上标注出文字、图形、色彩等内容的位置、大小、色标等，做到精细、准确，最后根据绘制稿付诸印刷。以上的方法是过去印刷成败的关键，而现在包装设计的制版稿大多是通过电脑来完成的。日新月异的电脑设计和印前技术，已使传统的手绘设计成为历史。依靠电脑的数据化以及方便性、直观性等特点，为设计师开拓了设计创意、丰富了设计手段，给我们的设计提供了极大的方便，也将我们从繁重的手工绘制中解放出来。

电脑设计的包装印刷稿通常采用 Photoshop、Corel draw、Illustrator 等平面设计软件来实现的。根据电脑的数据构造原理，我们通常将 Photoshop 等软件处理的图像称为位图，而将 CorelDraw、Illustrator 等软件处理的图形称为矢量图。

位图是一种点阵法描述的图形，它是通过构成数字图像的最小单位——像素（Pixel）来实现的，即含有灰度值或色彩值的点，以像素阵矩的方式构成视觉形象。位图适合处理摄影等图像，具有色彩层次丰富，细节微妙细腻，但其清晰度与分辨率的大小有很大的关系，即原始文件精度决定了打印精度。而矢量图是一种用参数法描述的电脑图形，即采用记录图形的形状参数与属性参数的方法表示视觉形象。矢量图由于只记录点、线、面、体的精炼信息，因而具有文件小、处理方便的特点，特别适合处理字体、标志等设计图形，并且输出精度能够最大限度地利用打印机的精度输出高精度的图形。因此，我们一般用 Photoshop 来处理图像、照片；用 Corel draw、Illustrator 来处理图形、文字或制作纸盒结构。

包装图像的获取方式主要有两种，一个是数码摄影，另一个是电分扫描，但两种方式都需要处理好图像幅面与分辨率的关系，它们直接影响到印刷成品的质量。一般来说，通过扫描获取图像其精度要求设置为每英寸300像素，并且对扫描图像最好不要放大尺寸使用，而是采用原尺寸或缩小尺寸来处理，这样将能获得好的印刷效果，但原始图像的质量起着关键作用。

电脑常见的色彩空间有RGB和CMYK两种。RGB主要是电脑荧光屏用来显示影像的模式，它是扫描仪及Photoshop软件的原始工作制式。而CMYK则是打印或印刷所使用的色彩模式。因此，在电子设计稿交付制版前，必须要将图像的色彩模式由RGB转换为CMYK印刷模式，因为平版胶印都是通过输出品红、黄、蓝、黑四色胶片进行晒版印刷的，所以，要将图像设置为与四色印刷相匹配的模式，才能得到印刷所需要的四色分色胶片。如果图像采用RGB模式，那么分色出来的软片一种情况是只在黑色胶片上有图像，其他的胶片是空的，另一种情况是在四个胶片上只有等值的灰度图。所以，在通过电脑完成设计时，一定不要忘记在输出前转换色彩模式。

另外，在使用电脑设计输出时，字体也是决定设计成功的主要因素。选择什么字体，必须要跟印前服务商和印刷商讨论，以避免使用的字体在输出过程中出现问题。另外，反转字体在包装设计中常常用到，因为大部分的反转字体在有明暗区域的图像上都很难阅读。因此，当通过处理彩色图像来反转字体时要特别注意。在选用颜色时，要考虑使用比较显著的颜色，最好选择无衬线字体和粗体字用于反转字体。此外，还要避免使用小字体或者细字体，一般字体都不要小于6磅。

2. 制版与打样

制版是将电子分色稿分别晒到涂有感光材料的金属版上，经过显影在金属版上出现和原稿相反的图样,再经过处理后制成可以进行印刷的版面——印版。印版是使用油墨来进行大量复制印刷的媒介物。现代印刷中的印版大多使用金属板、塑料板或橡胶版，以感光、腐蚀等方法制成。根据印刷画面的效果可以分为线条版和网纹版，线条版用于印刷单线平涂的画面，网纹版主要用于图片及渐变色等连续调画面的印刷。在印刷过程中，单色画面制一块色版，多色画面则需制多块色版，并分多次印刷才能完成。制版是印刷工艺中非常关键的工序，它需要根据设计稿的要求，制定合理的制版工艺，它既要符合原设计稿的要求，又要修正原设计稿中不符合印刷工艺的部分。

制版最重要的是使设计原稿符合印刷的要求，需要从以下几点去考虑：

（1）确定制版色数：按照原设计稿来确定制版分色、色别、色数，在符合原设计稿的前提下，合理套色，尽量减少制版色数。

（2）确定制版尺寸：根据原设计稿表明的尺寸，确定制版的倍率（放大、原大、缩小）。

（3）确定拼版、翻版要求：拼版要划定拼版线，拼镶文字还需划定准确的拼镶线。多联拼版还要根据印数和纸张规格来确定。

打样是用晒版后的印版在打样机上进行少量试印，以此作为与设计原稿进行比对、校对及对印刷工艺进行调整的依据和参照。这是印刷前对文字内容和色彩的最后校对。

3. 印刷方式

印刷是印制成品的环节，它所涉及的内容包括印刷方式、纸张和油墨以及机器设备，另外，印刷操作师也是一个关键的因素。

根据印版结构的不同，印刷机械可以分为凸版印刷机、平板印刷机、凹版印刷机、丝网印刷机和特种印刷机五种类型。这些印刷机基本上都是由给纸、送墨、压印、收纸等部分组成。此外按照承印物的尺寸，印刷机械还可分为全开印刷机、对开印刷机、四开印刷机等。按一次印色的能力又可分为单色印刷机、双色印刷机，四色、五色、六色、九色印刷机等。按送纸的形态也可分为平版纸印刷机和卷筒纸印刷机。按压印方式还可分为平压平式、圆压平式、圆压圆式（轮转式）三种。

油墨是经过特殊加工制成的胶状体印刷颜料，种类较多，油墨的质量对最终印刷成品起着重要的作用。按照印刷方式不同，油墨分为凸版油墨、平版油墨、凹版油墨、丝网版油墨、特种油墨五大类；按照承印物的不同又可分为供纸张、玻璃、塑料、金属等不同材料用的油墨。对于包装印刷油墨一般有以下要求：第一，油墨细腻，墨色纯正；第二，在空气和光照下不易变色及褪色，与同类油墨相调合不会变质；第三，对于食品、服饰、儿童用品、化妆品等包装印刷油墨，不能含铅等其他有毒物质。现在，随着对新型油墨的不断研制和开发，包装用印刷油墨也更加环保。

现代印刷技术与工艺方法很多，一般根据印刷的版材结构和工艺原理的不同，大体有凸版印刷、平版印刷、凹版印刷和滤过版印刷等四种类型。

1）凸版印刷

又称直接印刷，主要源于木雕画的印刷方法。其印刷的图文部分高于空白部分，将油墨滚在印刷版凸起的部分，经过压力将图文墨色转印到印刷材料上来完成印刷。

凸版印刷的优点是制版较为方便，印刷品墨色浓厚，色调鲜艳，并且可以完成印金、烫金、压鼓等工艺。但凸版印刷制版费用偏高，网线较粗，不适合过大的印刷品，印刷的数量也有限，在印刷中设色也不宜过多，但利用借色、叠色、夹色等工艺，可以达到理想的效果。

2）平版印刷

又称间接印刷、胶版印刷，是在石版印刷的基础上发展起来的印刷方式。它的特点是印版部分与空白部分在同一平面上，利用油水相排斥的原理，亲油的地方排水，产生印版；亲水的地方排油，产生空白。它不是直接将金属版作为印刷版来使用，而是金属版上的图文要通过一种专用的胶皮滚筒转印到纸张材料上，从而达到印刷目的，故称间接印刷。

平版印刷制版简便，网点细密、成本较低，印刷量大，用色一般只需红、黄、蓝、黑四套印版即可达到各种丰富、复杂的色调，但为了提高或确保印刷质量，也可再增加一至二套辅助色。缺点是大面积的色彩往往不够鲜艳，另外，它也无法实现烫金、压鼓等特殊效果。

3）凹版印刷

凹版印刷源于铜版画的印制方法，与凸版相反，它是指印版的图文凹于空白部分，用专用印刷滚筒将油墨填于凹版油墨槽内，用刮墨刀将表面油墨刮净，然后通过压力将油墨吸附到纸张上完成印刷。印刷的深浅层次是根据网点腐蚀的深浅来实现的，因此印刷墨色厚实、层次丰富。凹版印刷其印质精良、印数多，速度快。但制版费昂贵，技术工艺复杂，一般多用于印刷有价证卷，如纸币、邮票、股票、凭证等，质量较高的画报、报纸以及包装塑料袋等的印刷。现在，一般很少用此印刷。

4）滤过版印刷

又称孔版印刷、丝网印刷、万能印刷等，它是指印文部分由孔洞组成，而其余部分由胶制体保护，经刮板加压，将印文部分油墨镂空至承印物上的印刷方式。现在的滤过版印刷可以实现于金属、布匹、塑料、纸张等多种材料上。

另外，还有很多特殊工艺的印刷方法，如木刻水印、珂罗版印刷、贴画印刷、盲人读物印刷、静电印刷等。在具体的包装设计印刷中，我们应该根据设计的商品特点、设计构思、成本核算、印刷数量等等因素，选择合适的印刷方法。

4. 印刷加工工艺

包装的印刷加工工艺是在印刷完成后，为了美观和提升包装的特色，创造出更丰富新奇的视觉效果，在印刷品上进行的后期效果加工，主要包括烫印、上光上蜡、浮出、压印、模切等工艺。

1）烫　印

烫印是利用金属光泽的电化铝箔，如金、银箔等为材料，借助于一定的压力与温度，使烫印箔与印刷品在很短时间内相互受压，将金属箔或颜料箔按着烫印模版上的区域转印到印刷品表面的加工工艺。印刷品经烫印后的区域会呈现强烈的金属质感或其他质感。在包装上主要用于对品牌等主体形象进行突出表现的处理。

2）UV 上光

又称紫外线上光，它是以 UV 专用的特殊涂剂精密、均匀地涂于印刷品的表现或局部区域后，经紫外线照射，在极快的速度下干燥硬化而成，从而使印刷品表面形成一层光膜，以增强色泽，对包装起到装饰与保护作用。

3）压　印

又称压纹，它是根据图形形状以金属版或石膏制成两块相配套的凹凸模具，将纸张置于凹版与凸版之间，在一定的压力作用下使印刷品产生塑性变形，产生了凹凸现象，从而对印刷品表面进行艺术加工的工艺。经压纹后的印刷品表面呈现出深浅不同的图案和纹理，具有明显的浮雕立体感，增强了印刷品的艺术感染力。这种工艺适用于高档礼品的包装设计，有高档华丽的感觉。

4）覆　膜

覆膜工艺是一种将印刷品和塑料薄膜经加热、加压后黏合在一起的工艺。经覆膜后的纸印刷品表面更加平滑光亮，而且提高了印刷品的光泽度和耐磨度。

5）模　切

也称压切、扣刀，它是以钢刀片排成模（或用钢板雕刻成模）、框，在模切机上把纸片轧切成一定形状的工序。压痕是利用钢线，通过压印在纸片上压出痕迹或留下供弯折的槽痕。在大多数情况下，模切与压痕工艺往往是将模切刀和压痕刀组合在一个模板内，在模切机上同时进行模切与压痕加工的，所以又简称为模压。

拓展研究

钦州坭兴陶茶具包装装潢设计

钦州坭兴陶茶具产品古朴典雅、历史悠久，深具地方特色。近年来，随着北部湾经济区的大发展，越来越受到各方关注，但其产业发展和品牌建设却一直处在比较尴尬的境地。笔者经过研究发现，坭兴陶茶具产品的包装设计存在单一化的问题，其产品包装设计明显无法与现代社会需求接轨。因此，改进坭兴陶茶具产品包装，提高坭兴陶茶具产品包装设计水平，是亟须解决的问题，而包装装潢设计的创新更是重中之重。笔者试图通过色彩传达、图形应用、文字设计和版式编排四个方面对坭兴陶茶具产品进行一些基础理论和方法论层面的思考，以期对坭兴陶茶具的品牌化建设提供一些思路和改革的方向。

一、色彩传达层面

色彩的多元性及时空性与人们的生活习惯、地域特征、宗教信仰以及审美的社会认同等条件元素相一致，这些条件元素之间是互动的，包装色彩设计正是在这些互动的条件元素下运用色彩，并提供丰富的视觉语言。色彩所形成的视觉印象比形状与文字更容易被人接受，对于产品包装设计所起的作用是举足轻重的。因为某种特定的颜色会引起人们的内在情感反应，所以在设计实践中，色彩的和谐与和谐之外都应是设计者所追求的：和谐的色彩偏古典情趣，内蕴优雅；视觉反差大的色彩倾向于现代感，给人强烈的视觉冲击。这种运用色彩的统一与对比而达到传达信息的方法亦可在包装装潢设计中得以学习和借鉴。

在坭兴陶茶具产品包装装潢设计中，色彩不仅关系到商品的陈列效果，而且还直接影响着消费者的情绪。因为任何色相的纯度或明度发生变化或者所处的环境不同，其表情也随之改变，所以，在坭兴陶茶具包装装潢设计中对色彩的处理不仅要充分考虑其色彩的情感性、象征性、地域性和易见性，还要考虑该色相的纯度、明度以及与不同的颜色搭配等。笔者认为，坭兴陶茶具产品包装设计的色彩可以选择充满古典含蓄的弱对比色调，凸显坭兴陶深厚的文化积淀，含蓄内敛；亦可选择充满视觉冲击的对比强色调，体现坭兴陶不俗的个性稀缺，并充满现代特征。对前者而言，应选择与坭兴陶茶具有关的色彩，并用其同类色或类似色进行明度、纯度、面积和位置上的对比，来达到目的诉求。如用坭兴陶近紫而隐现赭黄的颜色作为坭兴陶茶具包装盒表面的主色，搭配明度较高的同类色作为辅色；而用明度较高的同类色作为该包装盒内部的主色，搭配近紫而隐现赭黄的坭兴陶茶具本身，使之呈现出一种含蓄内敛，充满东方气质的和谐美的色彩关系。对后者而言，应选择与坭兴陶茶具反差较大或毫不相关的色彩如白色或浅卡其色作为坭兴陶茶具包装的主色，搭配在色相、明度与纯度上与坭兴陶本色同样具有强烈对比关系的红色或其他具有强对比关系的色彩作为装饰，将坭兴陶茶具本身衬托出来，分别从色相、明度与纯度上形成对比，使之呈现出一种充满个性与时代感的色彩关系，使该品牌在同类产品中标明自己的身份并脱颖而出。这种采用一反常态的色彩会给消费者留下深刻的第一印象，使产品品牌形象深入人心。

值得注意的是，在改变传统审美的社会认同色彩的同时，还应紧紧抓住坭兴陶茶具原有的本质特征，并结合图形与文字等视觉符号准确反映坭兴陶茶具的信息，这是坭兴陶茶具产品包装设计在平面视觉上取胜的关键所在。

二、图形应用层面

包装设计的图形是产品信息最直观的表达，也是市场销售策略的充分表现，它应当体现商品主题，塑造商品形象。对于包装中的图形创意而言，丰富的内涵和设计意境对于简洁的图形设计来说显得尤为重要和难得。在现代包装设计中，图形不仅要具有相对完整的视觉语意和思想内涵，还要根据形式美的要求，结合构成、图案、绘画、摄影等相关手法，通过电脑图形图像软件的处理使其符号化，在诸多的要素中凸显其独特的作用，并能够使读者从中获得美的享受。

图形设计一般分为具象与抽象两种：具象图形通常与自然对象极为相似或基本相似，一般直接采用照片（此方法较为常用）或绘画；抽象图形是对本质因素的抽取和对事物非本质因素的舍弃，可以是任何形式的象征性的表达，它与自然对象较少或完全没有相似之处。

笔者以为，在坭兴陶茶具包装图形设计当中，要根据坭兴陶茶具产品的特性，结合坭兴陶茶具包装装潢创新设计定位，选择恰当的图形表现手法，采用多元、多向、多角度的思维模式对其主要展销面上的图形进行精心的设计，形成新颖独特并具有亲和力的图形形象。如采用具象写实的手法，可将开创钦州坭兴陶产业新纪元的坭兴陶近代鼻祖胡老六（作为公认的坭兴陶创始鼻祖，给坭兴陶产品品牌的提升带来的影响是不可小觑的）的肖像或是将直接拍摄的坭兴陶茶具本身的照片通过后期处理，使之作为创意图形应用于包装盒上，并结合钦州靠海这一地域特性，使用浪花的形象，通过变形等设计手法创作出二方连续图案，并装饰在包装盒的边缘，真实地反映出坭兴陶茶具的地域特性和自身形态的艺术美；也可采用抽象图形，如运用点、线、面及圆、多边形，或是将能够体现钦州地域特色的海豚、荔枝、浪花等形象，甚至是坭兴陶茶具本身，通过线描保留其外部特征，再将这些元素通过重复、特异、共生、渐变、对比、虚实等构成方式形成能够体现坭兴陶茶具本质特征并具有宽广、深远、无限的空间意境的抽象图形，并结合该品牌的标识图形，通过包装装潢设计给坭兴陶茶具赋予鲜明的艺术性、地域性和时代性。

三、文字设计层面

文字在产品包装设计中具有内容识别和形态识别的双重功能。一方面，消费者只有通过产品包装上的文字清楚地了解产品的许多信息内容，如商品名称、标志名称、容量、使用说明、生产日期等；另一方面，经过设计的文字，可以以图形符号的形式给人留下深刻的印象。经过精心设计的文字可提高整个产品包装的设计效果。

在产品包装中，文字的阅读是在对该包装感兴趣之后才有可能开始的，是对色彩、图形的阅读完成之后才可能进行的。所以，文字的选择、设计、排版等方面，需要顾及色彩和图形这两个元素所确立的风格特征。虽然文字在视觉顺序上排列靠后，但文字阅读的开始，也就是消费者决定购买与否的开始。此刻，文字内容的易读性、精炼性、准确性和全面性就显得至关重要了，具体表现在：一方面要做到将包括用于解释产品品牌、使用方式、质量等级等有关产品信息的所有内容正确表达；另一方面要注重文字排列的条理性，将不同的信息有区别地传递出来，让阅读有趣，使重点突出。文字的字体种类较多，不同的字体、字号、字距、行距、对齐形式等都会直接影响版面的易读性和效果。

考虑到坭兴陶茶具的属性及其诉求的目标市场，在选择其产品包装上的字体时需要注意：符合坭兴陶儒雅、内敛的气质；与前文所讲到的色彩及图形保持一致，使其在视觉上形成统一的风格；所需的字体大小以及翻译成其他语言的情况；印刷用的承载物，例如纸板、木材等；印刷工艺，例如凸版、凹版、平版等；色彩以及行间距等。笔者认为，若色彩及图形采用传统的，具有东方古典意蕴的风格，所选文字应当选择饱含中国风的书法体或资格最老、古风犹存的宋体，给人古色古香的视觉效果。值得注意的是，书法最讲究变化，在选择书法字体时，应尽量选择书法名家原版墨迹或请书法相关人士为该品牌设计专用的书法字体，这样不但可以使书法文字本身不失手写的自然苍劲，同时也可以体现坭兴陶茶具应有的底蕴与特质。如果手上没有合适的可以使用的书法文字，则可以将富有中式感的坭兴陶茶具的图片元素作为主要的表现对象，同时将文字的排列方式调整为中式风格的竖排，并和其他的元素合理搭配，从而整体烘托出中式氛围。若色彩及图形采用具有现代感的高纯度撞色及象征性抽象图形，文字则应当选择简洁明快的等线体或是选择设计味较浓，具有较强的艺术感、专业感、现代感的字体，与色彩、图形的风格相一致。当然，无论采用古典还是现代的风格，电脑字体的应用都是要慎重的，不管是上述的宋体还是等线体等，都应该在此基础上作出修改与调整，使之符合该品牌自己的风格。值得注意的是，若要在字体上作色彩的变化，需考虑所选字体笔画的粗细，如宋体由于水平笔画较细，消费者不易觉察出其色彩的变化；而等线体和综艺体由于笔画较粗，比较适合在其文字结构上作色彩变化的处理。

上述所讲只适合于商品名称、商标名称或装饰性的文字等，其他如容量、批号、使用说明、生产日期等说明性文字，由于所占空间较小、信息量大，其字号较小，所以应该选用易读性、识别性强的字体，以便信息的传达，同时将这些说明性的文字在位置、大小、色彩、形状的处理上提升舒适度，安排好文字的字距、行距与段距，会对阅读效果有很大的帮助。

四、版式编排层面

包装设计中的视觉传达语言主要由视觉符号和编排形式来表达，有意识地将图形、色彩、文字等视觉符号根据其内在关系、形式法则、结构系统等因素进行组织编排，使包装画面整体设计风格连贯一致，具有一定的视觉美感并体现其文化内涵，是版式编排的责任。

点、线、面是构成版面空间的基本元素。在进行坭兴陶茶具包装装潢的编排设计时，我们可以将所选定的所有视觉元素，包括图形、色彩、文字等作为点、线、面来进行组织编排：将面积相对较小的图形作为"点"，在版面的不同位置能够使版面产生不同的心理效应；将按一定方向连续排列的点作为"线"，主要通过直线和曲线进行表现，其关键取决于采用水平、垂直还是倾斜的排列方式；将面积相对较大，在版面中占有空间较多，视觉上比点、线强烈、实在并具有鲜明个性的图形作为"面"，在整个视觉要素中，面对视觉的影响力往往是举足轻重的。通过"点""线""面"的综合表现，可以丰富版面的层次，完美地呈现版面的视觉效果，赋予版面一定的情感和意义，使版面更加精彩动人。

版面的构成样式在实际使用中种类繁多，但通过归纳和概括，大致可以分为理性化类型、感性化类型和其他类型三种。在进行坭兴陶茶具产品包装的编排设计时，要根据其产品的属性选择合适的版面编排构成的式样类型。

（一）理性化类型

理性化类型容易给人整齐、严谨、规整、秩序等印象，其最大的特点是网格和数学原理的运用，集中体现某种理性化、秩序化的感觉。常见的理性化类型版式设计包括标准型、坐标型、上下型、左右型、中轴型、倾斜型、三角形、骨骼型等。笔者认为，其中适合坭兴陶茶具产品包装的版式类型有：

上下型：将整个版面分成上下两部分，文字和选定图形分别安排其中的构成类型，文字则偏重理想而静止，而图形部分显得感性而又有活力；中轴型：文字和图形基本放于中轴线上，具有良好的平衡感，给人以稳定、安静、平和与含蓄的感觉；骨骼型：严格按照骨骼比例对选定图形和文字进行编排配置，是一种规范的、理性的版式构成类型，给人严谨、和谐、理想之美，既理性有条理，又活泼而具有弹性。

（二）感性化类型

感性化类型是相对于理性化类型而言的，版面中的视觉元素的主次顺序、形象之间的平衡关系主要是通过设计者的直觉与版式设计的关系来决定的，强调版式的自由、浪漫、无秩序等。其中最具代表性的是自由型设计，由于是不受网格约束的，是设计者创作时纯感性化表达的样式，这种设计更使页面显得灵动而富有感染力。

（三）其他类型

在理性化类型和感性化类型之外的其他版式设计类型包括全版型、重复型、重叠型、定位型、聚集型、分散型、引导型等。笔者认为，其中适合坭兴陶茶具产品包装的版式类型有重复型、定位型、聚集型、引导型等。重复型：将某个选定图形在版面中重复多次出现，使之具有强调目标、增加注目效果、加深记忆的作用。在实际的设计中，重复伴随着渐变或是特异的手法一同使用，可以避免产生乏味感。定位型：先将选定图形或左或右，或上或下，或居中，或倾斜定位后，文字依据图形的位置及轮廓形状进行编排，突破版面自身的常规局限，在常规中寻变化，在变化中求统一。聚集型：将选定图形聚集于版面中的某个位置，使之具有团块式的聚集效果，给人一种紧凑、联系的感觉。引导型：利用版面上带有指示性的箭头、符号等，将阅读者的目光引导至版面所要传达的主题内容上，积极制造视觉焦点，使之形成有效的指示和引导效果。

在选定合适的版面编排构成的式样类型的前提下，充分把握好图形与图形、图形与文字、文字与文字、色块与色块及各包装面之间的关系，利用人的视觉焦点，按照人的视觉习惯，将坭兴陶茶具包装装潢设计各视觉元素的主次以及各包装面视觉焦点的顺序有计划地组织起来，使整个包装设计富有内在的逻辑性，使各个视觉元素之间构成一个和谐统一的整体。

总而言之，本书侧重解决的是坭兴陶茶具包装装潢设计问题，是对坭兴陶茶具包装装潢的一次积极的探索，但系统性、深入性不够，还有待后续研究的跟进。值得一提的是，作为地域性较强的坭兴陶茶具而言，其产品包装设计改革需要政府、企业和包装设计师的配合与共同努力。政府的重视和引导作用对于企业对包装的重视和包装设计师对产品包装改革的热衷起着很重要的作用，坭兴陶企业对包装改革重要性认识的提高与实践尝试无疑是对坭兴陶产品包装改革的关键，而包装设计师的主动参与也是必不可少的催化剂。只有这样，才能让坭兴陶产品具有"自己"的包装和品牌。

六、一些与包装设计有关的问题

（一）绿色包装设计

由于绿色设计顺应了时代发展的潮流，在绿色旗号的感召下，其发挥潜力的舞台不断扩大，倡导绿色包装设计，过绿色生活也成了人们对未来的一个期待。然而，包装设计中绿色的概念到底指向何方，怎样才算是真正的绿色包装设计，这一直是我们设计界看似明白，实则困惑的一个话题，具体从设计角度去实践还甚少。设计师应在不同的设计阶段，使用不同的设计方法与工具来进行分析与设计，通过包装设计提高包装的绿色效能，寻找一种与环境、自然相互协调的设计思路，使之从一种简单的满足人类要求的低级模式升华至与人类、自然相互协调的"共生互补"的境界。绿色包装设计不是脱离生活背景孤立存在的，而是孕育创造个性包装的前提。作为绿色包装的内涵即为包装要与自然可融为一体，取之于自然，又能回归于自然，对其所采用的材料要通过无污染的加工形成绿色产品，即便是用后丢弃也可以回收处理，或回到自然或循环再造，简单地说就是在绿色环境中进行的绿色循环。

严格意义上说，绿色设计并非一种单纯的设计风潮的变迁，它集中反映了人类对现代工业社会所引起的环境污染及生态破坏的诸多反思，反映了设计的道德感和责任感在设计师身上的回归。绿色包装设计涵盖多方面的内容，如呵护生态、环保意识、人类自身健康安全意识、自然及其舒适简约的设计理念等，它从环境保护出发，旨在通过设计创造一种无污染，有利于人类健康，有利于人类生存繁衍的生态环境。因此绿色设计不仅仅是一种技术层面上的考虑，更重要的是一种观念上的变革，要求设计师勇于放弃那种过分强调外观设计标新立异的做法，将重点放在真正意义的创新上，以一种更为负责的态度和方法去创造产品的形态，用更简洁、持久的方法使商品尽可能地延长其使用寿命，同时传达绿色人文的精神理念。

从技术角度讲，绿色包装是指遵循可持续发展，在制作和加工过程中没有或对环境污染小，在使用过程中安全卫生，在废弃物处理中对环境无害的包装制品。是相对"白色污染"而提出来的。它包含了材料选择、制品加工方式和废弃物处理三大方面，缺一不可。换言之，其包装从原料选择、产品制造到使用和废弃的整个生命周期，均应符合生态环境保护的要求。因此，绿色包装应从材料、设计和包装产业三个方面入手。早期推行绿色包装的国家在包装材料方面入手来促进包装材料的回收，很多国家要求制造商、进口商与零售商共同担负起包装材料回收与利用的责任，许多发达国家也相继制定若干与绿色包装有关的法律规定，力求严格、系统、科学地规范人类环境保护的准则和条件，这些都将会有力地推动全世界绿色包装设计的健康发展。

1. 绿色包装设计发展历程

绿色包装发源于 1987 年联合国环境与发展委员会发表的《我们共同的未来》。1992 年 6 月联合国环境与发展大会又通过了《里约环境与发展宣言》《21世纪议程》等章程，随后在全世界范围内掀起了一场以保护生态环境为核心的绿色浪潮。根据人们对绿色包装理念的认识，可以把绿色包装的发展划分为三个阶段。

第一阶段，20 世纪 70 年代到 80 年代中期的"包装废弃物回收处理"：回收处理，减少包装废弃物对环境的污染是这个阶段的主要内容。这一时期的法令有美国 1973 年颁布的《军用包装废弃物处理标准》；丹麦 1984 立法规定的重点在于饮料包装的包装材料回收利用；中国在 1996 年颁布的《包装废弃物的处理与利用》等。

第二阶段，20 世纪 80 年代中期至 90 年代初期"3R, 1D"：Reduce、Reuse、Recycle 和 Degradable 是世界公认的发展绿色包装的 3R 和 1D 原则。这个阶段，美国环保部门就包装废弃物提出了三点意见：第一，尽可能对包装进行减量化，不用或者少用包装；第二，尽量回收利用商品包装容器；第三，不能回收利用的材料和容器，应采用生物降解的材料。同时欧洲的许多国家也提出本国的包装法律规范，强调包装的制造者和使用者必须重视包装与环境的协调性。

第三个阶段，20 世纪 90 年代中后期的"LCA"：LCA(Life Cycle Analysis)，即"生命周期分析"方法，被称为"从摇篮到坟墓"的分析技术，它是把包装产品从原材料提取到最终废弃物的处理的整个过程作为研究对象，进行量化的分析和比较，以评价包装产品的环境性能。这种方法的全面、系统、科学性已经得到的人们的重视和承认，并作为 ISO14000 中的一个重要的子系统存在。

2. 绿色包装的标识和法规

绿色包装标识：

1975 年，世界第一个绿色包装的"绿色"标识在德国问世。世界第一个绿色包装的"绿点"标识是由绿色箭头和白色箭头组成的圆形图案，上方文字由德文 DERGRNEPONKT 组成，意为"绿点"。绿点的双色箭头表示产品或包装是可以回收使用，符合生态平衡、环境保护的要求。1977 年，德国政府又推出"蓝天使"环保标识，授予具有绿色环保特性的产品，包括商品包装。"蓝天使"标识由内环和外环构成，内环是由联合国的桂冠组成的蓝色花环，中间是蓝色小天使双臂拥抱地球状图案，表示人们拥抱地球之意。外环上方为德文循环标识，外环下方则为德国产品类别的名字。

此后，许多国家也先后开始实行产品包装的环境标志，如加拿大的"枫叶标志"，日本的"爱护地球"，美国的"自然友好"和证书制度，欧共体的"欧洲之花"，丹麦、芬兰、瑞典、挪威等北欧诸国的"白天鹅"，新加坡的"绿色标识"，新西兰的"环境选择"，葡萄牙的"生态产品"，以及中国的"环境标志"等。1993 年 6 月国际标准化组织成立了"环境管理技术委员会"（TC207），制订了像质量管理那样的一套环境管理标准。到 2006 年为止，TC207 委员会已经制定了多项标准（例 ISO14000）并颁发实施。美国的企业界、包装界也纷纷实施了 ISO14000 标准，并制定了相关的"环境报告卡片"，对包装进行寿命周期评定，完善包装企业的环境管理制度；日本 1994 年 10 月成立了环境审核认证组织；欧共体 1993 年 3 月也提出了《欧洲环境管理与环境审核》，并于 1995 年 4 月开始实施。中国进入 21 世纪以后，一些企业也开始了实施 ISO14000 系列标准，但与国外相比，还有一定的差距。

绿色包装法规：

1981 年，丹麦政府鉴于饮料容器空瓶的增多带来不良影响，首先推出了《包装容器回收利用法》。这一法律的实施影响了欧共体内部各国货物自由流动协议，影响了成员国的利益。于是一场"丹麦瓶"的官司打到了欧洲法庭。1988 年，欧洲法庭判丹麦获胜。欧共体为缓解争端，1990 年 6 月召开都柏林会议，提出"充分保护环境"的思想，制定了《废弃物运输法》，规定包装废弃物不得运往他国，各国应对废弃物承担责任。

1994 年 12 月，欧共体发布《包装及包装废弃物指令》。《都柏林宣言》之后，西欧各国先后制定了相关法律法规。与欧洲相呼应，美国、加拿大、日本、新加坡、韩国、中国香港、菲律宾、巴西等国家和地区也制定了包装法律、法规。

中国自 1979 年以来，先后颁布了《中华人民共和国环境保护法》《固体废弃物防治法》《水污染防治法》《大气污染防治法》等 4 部专项法和 8 部资源法，30 多项环保法规明文规定了包装废弃物的管理条款。1984 年，中国开始实施环保标识制度。1998 年，各省绿色包装协会也纷纷成立。

3. 绿色包装设计的意义

绿色包装之所以为整个国际社会所关注，是因为人们认识到了产品包装对环境污染带来了越来越多的问题，不仅危害到一个国家、一个社会、一个企业的健康发展，影响到人的生存，还引发了有关自然资源的国际争端。绿色包装的必要性和积极意义主要体现在：

包装绿色可以减轻环境污染，保持生态平衡：包装废弃物对生态环境有着巨大的影响，一是对城市自然环境的破坏，另一个是对人体健康的危害。包装废弃物在城市污染中占有较大的比例，有关资料显示，包装废弃物的排放量约占城市固态废弃物重量的 1/3，体积的 1/2。另外，包装大量采用不能降解的塑料，将会形成永久性的垃圾，形成"白色污染"，会产生大量有害物质，严重危害人们的身体健康；不仅如此，包装大量采用木材，会造成自然资源的浪费，破坏生态平衡。

绿色包装顺应国际环保发展趋势的需要：在绿色消费浪潮的推动下，越来越多的消费者倾向于选购对环境无害的绿色产品。采用绿色包装并有绿色标志的产品，在对外贸易中更容易被外商接受。

绿色包装是 WTO 及有关贸易协定的要求：WTO 协议中的《贸易与环境协定》规定，出口商品的包装材料只有符合进口国的规定，才能被准许输入该国，并且以法规的形式对进口商品的包装材料进行限制、强制性监督和管理。例如：美国规定进口商品的包装不须用干草、稻草、竹席等。这促使各国企业必须生产出符合环境要求的产品及包装。

绿色包装是绕过新的贸易壁垒的重要途径之一：国际标准化组织（ISO）就环境制定了相应的标准 ISO14000，它成为国际贸易中重要的非关税壁垒。另外，1993 年 5 月欧共体正式推出"欧洲环境标志"，欧共体的进口商品要取得绿色标志就必须向其各盟国申请，没有绿色标志的产品要进入上述国家会受到极大的限制。

绿色包装是促进包装工业可持续发展的唯一途径：可持续发展要求经济的发展必须走"少投入、多产出"的集约型模式，绿色包装能促进资源利用和环境的协调发展。专家指出，未来 10 年内，"绿色产品"将主导世界市场。而"绿色包装"自然成为社会持续发展的主要研究任务。积极研究和开发"绿色包装"已成为我国包装行业在新世纪面对未来的必然选择。

（二）适度包装设计

包装的出现，为我们的日常生活增添了一道道多彩的风景线，在商业竞争中，优秀的包装设计可以提高商品的附加价值，激发消费者的购买欲，具有明显的促销作用。然而，激烈的市场竞争迫使商家不断地更新换代产品，不断地变换包装的效果，愈演愈烈的结果令竞争走向了另外一个极端，商品大战越来越像包装大战。人们通过商品包装华丽程度的攀比反映个人在社会中的价值认可度，通过包装无形中所划分的档次来判定自我在他人心目中的地位，促使包装设计越来越背离现实生活的轨道。在这种背景下，很多具有强大危害性的"环境杀手"藏身于人类制造的垃圾中，成为入侵地球新的敌人。世界各城市的固体废物中平均有 40%左右是废弃包装所造成的，它们主要"栖息"于农药、罐装涂料，以及一次性筷子、玩具等各式各样的产品中，而这些产品与生活密切相关，却又直接危害着人类与环境。因此我们应该开发包装的绿色效能和适度效能，利用包装工程的重要环节——包装设计来提高包装的绿色效能，最大限度地去节约包装材料，开发适度包装的应用领域，减少资源的浪费，从而节约资源，维护生态平衡。同时，使废弃包装排放为最小并减少生产过程中造成的环境污染，从而减少包装给环境造成的巨大负荷。

根据商品包装使用价值的理论，商品包装适度化所涉及的问题包括范围有社会法规、废弃物处理、资源利用等。从商品包装的功能来看，适度商品包装应是能依靠科学技术的发展，充分发挥包装实体的有用功能，而尽量缩小和消除包装实体的有害功能的包装。包装的超前消费体现在过度包装、包装物与内装物费用严重失衡等方面，过度的装饰在一定程度上可以刺激销售，给企业带来效益，但是，过度包装浪费社会资源、增加销售成本，为环境遗留了更多的废弃物。

在我国资源还很贫乏的今天，应树立绿色包装观念，增强生态环境保护意识，并引起全社会的关注与参与。适度合理的商品包装应从多个角度来考虑，满足多方面的要求，包括下列几个方面：包装应妥善保护内包装商品，使其质、量均不受损伤，要制定相应的适宜标准，使包装物的强度恰到好处地保护商品，包装除了要在运输装卸时经得住冲击、震动之外，还要具有防潮、防燥、防水、防霉、防锈等功能，同时起到保护环境的作用；包装内商品外围空间容积不应过大，为了保护内装商品，不可避免地会使内装商品的外围产生某种程度的空闲容积，但合理包装应要求空闲容积减少到最低限度，不以哗众取宠的装置误导消费者，浪费材料；包装要便于废弃物的治理，合理地设计包装结构，从功能、耗材及印刷工艺上使包装产品实现最大限度的减量，避免包装结构、层次、体积的繁复叠加，应设法减少其废弃物数量，在制造和销售商品时，就应注意包装废弃物的用后处理问题。

包装的适度化、合理化就是充分发挥包装的积极作用，尽量缩小和消除销售包装的消极功能，使其随着商品经济的发展而不断优化，取得更好的社会效益。包装的材料、形式进行"适度、健康、可回收"的绿色效能包装是相对于过度包装、污染性包装而提出的概念，核心思想是提倡节约风尚，确立节省资源的理念。近年来包装浪费与攀比现象令人瞠目结舌，包装用料过度，豪华有余，在过度中存在一定的浮夸成分，可见适度包装的问题已刻不容缓。当今市场的竞争日趋激烈，同行业同类商品日新月异，很多商品为了占领市场，利用许多促销的手段，如馈赠方式或买一送一，买一大包装商品、送一小包礼品的方式来吸引消费者，使消费者产生购买欲望。这种促销的形式在城市的大型超市与商场比比皆是，但商品包装随之也增加了几倍，成本也随之提高了许多，因此可以从减低包装的成本、节约材料的角度，改进一下包装结构。如将两个以上独立的个体包装设计成具有共享面的联体包装，将商品包装同礼品包装的独立结构连接起来，设计成联体的单个包装，可以节约两个面的材料，特别是纸质包装。任何一件商品的包装，过多地运用视觉艺术的后果只能是哗众取宠，纯粹的商业化带来的是华丽外表所无法掩盖的包装语言的苍白。包装设计在其商业价值上，应当有其自身的艺术内涵，应当根植于包装文化的自身，这样的包装设计才不会沦为单纯表面的视觉盛宴，这正是包装设计需要考虑的另外一个层面，褪去浮华彰显本色的一面，也正是包装设计在精神层面的绿色本质所在。

（三）"中国风"包装设计

随着中国经济的快速发展及消费市场的繁荣，现代消费已不再仅仅停留在购买活动本身，而是上升为一种社会文化现象。消费的档次、样式、色彩等选择也体现出消费者的更高层次的品味要求。当人们对于"西风""和风"以及"韩风"的追逐日渐理性之时，人们对挖掘中国传统元素并将其应用于产品包装设计投入了越来越多的关注，"中国风"包装也日渐受到人们的青睐。对中国的设计界与企业界来说，如何设计出"中国风"产品并将其成功地推向市场已成为企业在国内、国际竞争的重要设计战略。

"中国风"的包装具有经济活动和文化意识的双重性质，它不仅是获取经济效益的竞争手段，也是商品包装企业文化价值的体现。这也要求我们的包装设计要形成一种中国精神和具有识别性的独特气质，而不是表面化的图解传统和生搬硬套的设计应用。一味沉溺于传统符号的表层会使我们迷失在昨天和今天的断层之中，不利于我们在包装设计领域真正实现由"制造"到"创造"的本质性转变。

1. "中国风"包装设计的形象语言

包装设计活动本身离不开相应社会价值观念的约束，它根植于一个民族的处世态度和生存哲学之中。"中国风"包装设计在其形成和发展过程当中也具备了自身特有的形式和语言。

1）产品名称

取个好名字，为的是图个吉利，这是我们每个人共有的心理需求。具体到产品包装上讲，其名称的设计要与产品特征、属性相结合，绝不能生搬硬套。如：国内的金六福、美的、汇源、娃哈哈、农夫山泉等商品名称，都能使人产生一种美好的联想和回味，在一定程度上也加深了消费者对产品的印象。

2）造型特点

中国传统造型，一般都是以自然物的基本形态为基础，对其进行概括、提炼和组合，按创作者意图进行选择搭配，并按照形式美的法则加以塑造，以达到圆满、流畅、明丽等优美的效果。现代包装设计中，不少包装造型从传统造型中汲取营养，来展示其中国风貌。如"酒鬼"酒的陶罐造型，秉承了我国陶土文化的精髓，给人以纯朴敦厚的视觉和心理感受，使"酒鬼"酒拉开了与同类产品的距离，赢得了市场。

3）材料

传统包装材料的选用以方便、环保为基本准则，如竹篾、木材、植物藤条、荷叶等等。另外，丝绸、绳线等的使用在"中国风"包装设计中显示出特有的功能，它既能够起到开启、捆扎、点缀画面的作用，还能凸显民族文化特色，拉近与消费者的心理距离。

4）汉　字

书法艺术源远流长，字体变化无穷，整体而统一，具有极高的审美价值和艺术特征。书法体汉字在包装设计中的使用要体现出设计语言的符号性特征，并遵循以下原则：书写方式打破常规；文字处理形象化；设计书法通俗化；设计形式简洁化；细节处理要精彩。

5）色　彩

中国素来喜爱红、黄两色，这也可以看作中华民族的色彩标签。在民族化包装设计的设色上，利用民族习惯的色彩取向，以及民间喜爱的色彩，作为时间信息、空间信息变迁的载体，移植到包装之上，可以强化现代产品包装的时间价值与空间价值，促进商品的文化价值提升。

6）图　形

我国传统图形因具有鲜明的地域性和民族性特色，而尽显中华民族个性。我们要汲取传统图形营养，首先要以切合包装设计主题为前提，可以借用相应的具有象征意义的传统图形来表达某种意趣、情感，或是把传统图形的某些元素进行转化、重构，再或将传统的设计手法渗透于现代的图形设计之中，使其既富有传统韵味，又具有时代精神。如："红双喜"应用于婚庆包装，牡丹用于月饼包装表达富贵，"万寿纹"用于贺寿礼品包装等。

2. "中国风"包装设计的文化特征

包装设计风格的形成，除去主观因素的作用，更多地依赖于社会、经济、技术条件以及文化的语境。借助文化分层理论，我们可以深入到风格背后的组织机制、社会形态以及宗教信仰、价值观念的层面，全面探讨包装设计风格形成所依存的各种外部条件和支配逻辑。准确地把握中国传统包装具有的特征，对于解决正在发展的"中国风"包装设计中所出现的某些问题，具有十分重要的借鉴意义。

1）生活经验驱使

我国传统包装从选材的扩大，到工艺的改进，取决于人们对自然界认识水平的提高和科学技术的进步。人们在长期的生产实践中，逐渐认识到了草茎、树皮、藤等柔韧性植物可以用于纺织，所以用稻草、芦苇、树皮、藤等编织成绳子、篮子、筐子、箱子等，这些东西在古老的包装中扮演了十分重要的角色，成为中国古代包装中主要的用材和形态。与包装所使用材料的不断扩大和增多所表现出来的特征相同的是：包装制作过程所运用的工艺进步，以及包装所发挥的作用、效用，也与人类社会的发展同步。

2）包装简易

我国传统包装无论在包装的目的、材料的选择、造型的确立，还是在结构的处理上，均以保护商品、便于流通为目的和宗旨，因而讲求简易、经济、实用。在中国古代，乃至近现代，由于社会经济以自给自足的小农经济为其主要形式，商品经济极不发达。在这种经济背景下，使包装在设计的宗旨、风格等方面出现以实用为基调，以保护商品为目的，力求简易、经济和实用。这种实用性表现在研究选材的方便性时，一般是就地取材，不对材料进行深加工；在包装物的制作中，无论是内包装，还是外包装，注重技术上的简单性。这方面的例子很多，如：流传至今的粽子包装，其简单做法就是用箬叶扎以彩线包裹糯米。

3）吉祥文化意识传达

传统包装虽然不是特别追求造型的独特性和装饰的繁复性，但无论是造型，还是装饰，均深深地根植于中国传统文化之中，无不打上吉祥文化思想的烙印，在很大程度上是吉祥文化思想的物化形态。古代先民通过造物活动来营造吉兆环境和吉兆现象，作为与人们生活密切相关的包装，自然也就首先成了营造吉兆环境和吉兆现象的载体，所以，从人类早期开始，我国传统思想、文化中的这种吉祥喜庆装饰设计便成为包装设计造型和装饰的主要风格。包装设计中连续以"回纹"作为包装容器外表装饰，寓意幸福不到头；以五种谷物组成的灯笼图案和由多种果实组成的图案，寓丰收之意。

4）明显的地域特征

由于物产的地域差异以及文化差异等因素的影响，制约着传统包装的用材与装饰艺术，因而传统包装在上述特征的基础上形成了明显的地域差异。各地自然条件的不同，导致了物产品种的季节性和地域性差别，这种差别使得用作包装的材料在同一地方有季节性不同，在不同地区有地域性差异。因用材和装饰艺术不同所导致的包装的地域性差异，使传统包装在民族风格下，在民间形成各种不同特色的形式。

（四）出口包装设计

随着国际贸易渠道的扩大和顺畅，商品出口快速增长。为了增强商品在国际间的竞争优势，对出口商品包装的设计要求也越来越高。这已经成为商品生产企业必须认真面对的课题。我们从几个方面对出口商品包装进行分析。

1. 物质层面

1）保护功能

为保护出口商品的质量和数量在运输、储存和销往国外市场的过程中不受损害、不变质等，应该注意：

（1）根据出口商品的形态、特征、运输环节、销售环境等，选择适当的包装材料，设计合理的包装结构。

（2）为免受因包装机械对包装材料所产生的冲、拉、扭、压等物理性作用力以及运输过程中由于颠簸、跌落等原因对内装物造成的破坏，因选择承受力比较强的包装材料并采取适当措施增强包装的强度，并且要选用耐腐性较高的包装材料。

（3）为减少运输过程中的摩擦，应采用各种内衬结构固定或隔离商品。

（4）应注意出口国家与国外目标市场及沿途地区的气候差异以及季节性温度与湿度的变化，并采取相应包装措施减少损失。

（5）要适应各种不同运输方式的要求。如海运包装要求牢固、防挤压、防碰撞铁路运输要求包装防震，而航空运输要求包装轻便等。

（6）要注意根据包装的防腐蚀、防潮、防偷盗、防虫害、防霉变、灭菌、防受热或受冷、防水等方面的要求，设计不同的保护功能。

2）方便功能

（1）在出口商品中，并非所有货物都需要经过包装方可运输和销售。对于品质相对稳定，不易受外界条件影响，可经捆扎或固定自成件数；对难于包装或不需要包装的货物，如钢材、铅锭、铝锭、木材等可以裸装运输；对小麦、杂粮、煤、矿砂、生铁、天然气等不易包装或不值得包装的货物，可散装在运输工具上，用专门设计的运输工具和装卸设备运输、装卸。

（2）随着超市在世界各地的兴起，顾客可以直接对商品进行选购，为起到美化、宣传、推广商品的作用，包装设计要根据各国不同的要求进行设计，以方便顾客选购和使用。由于种种原因，世界各国对商品包装制定了一些规定和法规，如：美国规定酒包装上要写明"孕妇不宜"及"酒后禁止开车"等英文字样；加拿大规定包装的文字说明要用英、法两种文字。

（3）为方便承运人了解商品的性质，安全运输和储存保管，同时使收货人和承运人能识别货物，防止错发错运，要求在商品外包装上印刷有关标志。

这类包装标志主要包括运输标志、识别标志、指示标志、警告性标志等。并要求包装标志要印刷在外包装的显著部位，不能过高或过低，印刷用的油墨应具有防止脱落或褪色的性能；标志上不要加任何广告性的宣传文字或图案等。

（4）条形码是一种世界通用的产品符号，它包含商品的生产国别或地区、生产厂家、品种、规格、售价等信息，通过"光电扫描装置"的识别，即可将上述信息通过计算机计算、打印出来，适应超市发展的需要。在国际贸易中，没有条形码的商品很难进入超市，只能在地摊廉价销售。我国物品编码中心于1991年加入了EAN（国际公认的物品编码识别系统），国际物品编码协会分配给我国的国别号为"690""691""692""693"。商品生产者尤其是出口商品生产者应该给自己的商品申请编码，这样才更有利于商品的出口。

2．文化层面

1）政治法律

这是指目标市场国家政府有关的政策、法令、条例等对商品包装提出的要求和规定。不少国家为了保护生态环境，迎合消费保护主义运动，或为了限制进口，把商品包装作为非关税限制进口的措施，对进口商品包装有严格的规定。各国出口商品包装必须符合这些复杂的规定，否则不准进口或禁止在其市场上销售。这就要求出口商品包装必须符合有关国家法律法规的规定和客户的要求，如：美国政府规定：凡未经过处理的中国木制包装，一律不准入境；阿拉伯国家规定进口商品的包装禁用六角星图案等。此外，如果客户对包装提出某些特定要求，也要根据需要和可能予以满足。此外，关于商品包装方面的法律规定涉及范围广，从美国、日本、加拿大等一些国家禁止用稻草、干草、木丝、报纸作衬垫，到阿拉伯国家规定在食品包装上必须说明家禽、肉类是否按"伊斯兰屠宰法"处理，都必须了解清楚，以便更好地适应。

2）教育水平

因世界各国的教育普及程度差别很大，这对于包装信息的表达方式影响很大，要充分利用包装的色彩、图案、形状、文字说明、商标设计等手段迅速向目标购买者传达所预期的信息，不能忽视目标顾客的教育程度。如：对商品出口国教育水平低的顾客群体，就应重视利用图解法说明产品结构、使用方法等内容，对于商标的设计则应充分考虑到其知识水平和理解能力，以便使其一目了然。

3）信仰习俗

不同宗教的信奉者有不同的价值观念、禁忌和行为准则，从而导致不同的需求特点和消费模式。就色彩而言，由于黄色是叛逆犹大穿的服色，因此在信奉基督教的国家被视为下等颜色；而在日本，黄色被认为是阳光的颜色。另外，世界各国由于种族、民族、文化、习俗等方面的不同，对包装的图案、色彩、数字等有不同的偏好和禁忌。如：在图案方面，英国厌恶大象、山羊，而东南亚国家则喜爱大象；日本人喜爱鸭子而厌恶荷花等。在色彩方面，法国喜爱灰色、白色、粉红，而厌恶墨绿色、黄色；日本喜爱黑色、紫色、红色，而厌恶绿色；英国厌恶红、白蓝色组等。在数字方面，日本人忌讳"4""6""9""13"，"6"在日本是强盗的标志，欧美人普遍忌讳"13"，在瑞士有的地方偏爱"11"这个数字等。

4）美学观念

美学观念即一种文化中的审美观。各国消费者在美学观念上差别很大，欧洲人偏好淡雅而明朗的格调，而不少发展中国家却喜欢色彩多样、图案复杂的设计。出口商品包装的设计者必须了解目标市场消费者在审美观上的差异，因时因地制宜，设计出符合各类消费者美学观念的产品包装。

5）科学技术

一方面，科技新成果层出不穷，产品更新换代速度加快，产品功能日趋自动化、轻型化、多用化、小型化，包装造型与结构更为科学合理化，这就要求包装设计要适应新的商品形态与功能属性。另一方面，科技的迅猛发展带动了包装材料的更新换代，这就要求包装的决策者要因地、因人、因时制宜，大胆采用新型包装材料，增强产品竞争力。如：新型可食用包装材料的出现和日益受到消费者的青睐，对出口食品包装设计提出了更高的要求和期望。

6）价值取向

价值取向是指人们对事物的评价标准和崇尚风气。不同国家的人往往具有不同的苦乐观、时间观、成就观、主次观、风险观等。即使是同一国家的不同阶层的人们，其价值观念也不尽相同。如根据心理学暗示，消费者大致可分为七大类型：炫耀身份型、安全自在型、高人一等型、时髦型、传统保守型、随和型和实际型。因此，出口商品包装设计要根据目标顾客的价值取向特征，完成出口商品包装的目标性设计。

7）语言使用

不考虑语言文化和差异，出口商品也会碰钉子的。在整个国际销售过程中，最重要的是与顾客进行信息沟通。因为了解顾客需要、向顾客介绍产品、激发其购买欲望、动员其购买产品乃至根据顾客的意见改进产品都离不开信息沟通。出口包装的设计人员不但应精通国外目标顾客的母语，而且更应掌握其所熟悉的语言，以增加可信性和说服力。如：我国出口商品习惯用中文名称直译成英文或以汉语拼音作为外文名称，结果常常出现词不达意甚至犯禁的含义。

（五）包装设计的未来趋势

21 世纪，随着商品经济的全球化和现代科学技术的高速发展，包装设计也进入了一个全新的时期。包装设计的手段不断更新，艺术和技术之间的结合也更加完美。现代包装在保护商品的同时，还要以其高度的艺术性视觉外观吸引顾客，满足受众物质和精神的双重需求，更好地引导受众的消费，使之成为商品的"无声推销员"。包装虽然属平面设计的范畴，但与其他的平面设计形式相比却有着自己的独特性，特别是其侧重于市场促销的功能。在形式上平面与立体兼顾，从平面的视觉要素到造型结构的创意；在印刷上从材料的选择到加工等均需要全面地统筹考虑，样样不能忽视。面向市场，传达信息，宣传产品是现代包装设计所承担的重要任务。

在预测和展望未来包装设计的前景之前，我们先来关注一下当今世界优秀包装设计该具备的特点，即世界包装联盟为评选"世界之星"而设置的评奖细则：①便利性；②适当的资讯；③销售诉求；④审美性；⑤精巧的结构；⑥低廉的材质；⑦环保的概念；⑧适当的地域性特征等。于是我们也可以预测未来包装设计的发展将会有如下五个方向的发展趋势：

1. 更具创意的个性形象

未来的商品竞争将会比过去任何时期都会更加激烈，不仅是越来越多的同类产品的竞争更加白热化，而且也会因为更多消费者在寻找独立的、别具一格的生活状态或生存方式而对包装设计提出更高的要求。未来的消费大众将被细分为不相同的群体，这些被细分化的群体比任何时代的消费者都更加具有浓厚个性色彩和个性消费需求。随着消费者价值观念、审美观念的日益多样化，生活结构的日趋多元化，成熟型消费社会逐步形成。消费者除了关注商品的使用特性，同时还会对商品包装的文化品位、审美追求有着强烈的渴望，这为未来的包装设计师提出了新的挑战。在未来的设计中，设计师必须以敏锐的眼光、独特的思维来适应消费者个性化的视觉愉悦需求，要具有良好的预测心理和移情能力，给未来的包装设计赋予更加丰富多彩的个性，预先为消费者构想出购买这种商品而不是其他商品的消费理由和审美特点。

现代商品竞争中，包装设计正是通过宣传产品的差异化来强调自己品牌的价值。一件商品的包装设计应以独特的外在造型适应性、个性的色彩特点和恰当的图文信息来传达准确的商品信息。因此，要想更有效、更广泛地突出自己的品牌形象、宣传自己的商品，未来的包装设计必须追求商品包装的新形式、新风格。这种新形式和新风格所具有的独特创意不仅仅要表达出商品的实用特性，同时还要表达出该商品的强烈文化意象，在这种视觉表象的深刻感染下，使消费者自然而然地被商品所影响。

2. 更具环保意识

我们赖以生存的社会，已经是一个能源过度开发的社会，为了经济乃至整个人类社会将来的可持续发展，节约能源应该是每一个人都要铭记于心的事情，这就给未来的包装设计提出了一个更高的标准——节能。二十世纪九十年代，崇尚"自然、原始、健康"等环保观念的风潮，使"绿色设计"成为包装设计的新导向。未来的商品包装应尽可能地朝着绿色包装来解决这个实际问题。绿色包装是指节约资源、减少废弃物、易于回收、易于自然分解、不污染环境的包装，它以节约和回收再利用为标准。作为一种思潮、意识，绿色包装设计着眼于人与自然的生态平衡，在保护环境的前提下，提倡"减少、回收、再生"等设计原则。目前在欧美国家标有回收标记的包装已经占据绝大部分，在我国，虽然已经认识到这个问题，但在实际的开发利用中还有待于进一步的普及和发展。

3. 更具深厚的地域文化特色

设计与文化之间有着不可分割的联系，是人类文明进步的原动力。人类通过设计改造外在的物质世界，改善生存环境和生活方式。在人类的现实生活中无处不显现着文化的痕迹，我们所称的"设计"实际上就是人类所创造的文化的一部分。不同的地域和民族孕育了不同的文化，不同的文化又包含了各具特色的设计。因此，有着不同销售地域的商品要体现出这种不同，要用艺术的手段表现出民族文化的特色。这一方面是为了更好地实现与目标消费群体的沟通，能更顺畅地传达信息、宣传商品；另一方面也可在创意上别出心裁，成为区别于其他同类竞争对手和提高商品视觉艺术水准的有效手段，进而提高商品的社会附加价值，提升品牌的形象。

未来的商品市场竞争会更加的激烈，商品种类会更加细分化，消费者整体的审美水平将随着社会文明的进步也会不断提高。消费者在社会中自我价值的实现、塑造自我的要求会在实际生活的消费行为中表现得更加强烈。因此，这必然要求未来的包装设计师要能够充分利用不同的地域文化特色，并通过设计赋予商品更高的社会价值，实现消费者自我塑造的心理体验。

4. 更具人性关怀

未来商品的竞争，更多体现在谁具有更多的 "情感价值"。由于消费者是商品包装的受众主体，因此在未来的包装设计中对消费者心理的研究与分析，显得愈来愈重要。未来的包装设计创意应更多关注消费者的情感因素，以寻求最佳的引发消费者共鸣的触发点。优秀的包装设计不仅仅是简单地表述商品的属性和特征，而要能够传达出设计者在情感上给予消费者的某种暗示，用情感来打动消费者的购买欲望，把宣传产品同消费者的情境感受紧密、巧妙地结合起来，将消费者的情感共鸣融会于未来的包装设计中。

5. 更具古今传承

在未来的包装设计中不但要将传统的技巧和手段加以利用，更要不断地挖掘具有现代生活气息的题材，把传统的元素和现代的表现相结合。随着改革开放的深入，我国的经济发展势头迅猛，尤其是商业的迅速繁荣，使包装设计的水平也在大幅度提升。尽管目前我国的商品包装或多或少地还存在着趋同于欧美国家的设计，然而随着国内设计教育的普及，设计师队伍的水平已经有了很大的提高，尤其是近几年来涌现出的一大批优秀设计人才和作品，使目前中国的包装设计正在逐步走向世界，走向未来。

拓展研究

盲人用品包装的智能设计

在商品越来越丰富的今天，包装的形式也越来越多样化，作为人们日常生活中的一部分，包装给人们的生活带来了许许多多的便利，普通人受益良多，但是对盲人群体来说，却显得力不从心。盲人这一被社会严重边缘化的群体，在生活之中面临着诸多不便，无法同正常人一样获取商品信息、实现自主购物，享受购物的乐趣。盲人群体的存在赋予了包装设计师新的责任，社会呼吁更加便捷、更加人性化的无障碍包装设计的出现，而智能语音技术是实现盲人无障碍包装设计的有效手段。

一、以盲文使用为设计基础

作为国家语言文字的重要组成部分，盲文在盲人的认知世界里起着至关重要的作用，因其靠触觉感知的特性，可以在盲人获取商品信息有障碍时，提供识别辅助。据最新的调查研究结果显示，我国现行盲文在盲人群体和盲校教学中占主要地位。在现实生活中，盲文的使用多以阅读为主。在针对盲人这一弱势群体进行产品包装设计中时如何合理地使用盲文就显得特别重要。

现行的盲人用无障碍包装设计主要依托于触觉认知，例如瑞典设计师 Jageland Hampus 为视觉障碍者设计的 AB 包装（如图 AB 包装所示），该系列产品是针对盲人和视力有缺陷的人制作的调料品，将具有凹凸感的盲点和明文同时印刷在包装表面，所有的盲文都采用凸印的印刷方式，让盲人可以通过触摸能够了解品名以及净含量等产品信息，同时也满足了普通人了解产品的需求；在橄榄油壶中，一个特制的勺子放置于油中，便于使用者更方便地使用和称量，一个简单的设计，却体现了设计师敏锐的洞察力。遗憾的是，由于包装工艺技术等局限因素，目前市场上有盲文设计的包装仅仅是在主要的产品名称及必要信息上做了简单的压印盲文标识，如图：国外盲文药品包装所示。

AB 包装

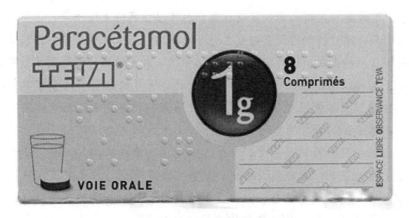

国外盲文药品包装

　　设计师在进行盲人用产品包装设计时，需从细节出发，利用盲文补充说明产品信息，增强产品的可识别性，弥补、弱化使用中存在障碍的包装设计，以期能够使盲人通过产品的包装克服、弥补缺陷，从而顺利、无障碍地获得产品的信息，并且能够自由地与所包装产品之间产生信息上的沟通和情感上的交流。因此，在考虑盲人用品包装的智能化设计时，应以盲文为基础，将盲文作为盲人与商品之间的纽带，帮助商品向盲人完成表情达意的功能，让盲文设计成为盲人了解商品的一扇窗口。

　　二、智能语音技术的有效介入

　　盲人因为其视力的缺陷，需要通过听觉、触觉、味觉、嗅觉等来感知外界信息，其中，听觉是获取信息的主要手段。智能语音技术的出现，可以在盲人遇到障碍时，通过"出声"来达到告知盲人的目的。在包装设计领域，笔者认为设计师们可以考虑在使包装具有保护商品、便于商品运输等包装基本功能的同时，以语音方式来传达产品信息。这种通过智能语音来传达商品信息的包装的出现，将为盲人用品的包装设计翻开新的篇章。智能语音技术就是通过感应器与播放器相结合，实现包装的智能语音功能，使得盲人消费者可以直接通过听觉获取商品信息，从而进行商品的挑选，实现自主购物。

　　根据功能的不同，智能语音包装可以被分为智能语音警示导向包装和趣味性数字音乐包装两种。在盲人的无障碍包装设计中，我们主要使用的是智能语音警示导向包装，它是一种以信息提示与导向为主导作用的智能化包装。通过感应器与播放器的结合，可以实现包装在使用过程中的某些特殊功能，如受潮提示、高温提示、使用信息导向等。基于其特殊的通过声音传达信息的特征，可以在盲人用品的包装设计中作为传递信息的主要手段，在一定的速度和时间内，通过特制的语音向盲人介绍商品的信息，并提醒其在商品使用过程中的需注意的事项，使得盲人可以与正常人一样无障碍地获取商品信息。

基于智能语音技术的盲人用品包装设计，可以通过智能语音技术来解决盲人在接触包装和使用包装过程中可能会遇到的问题，替代盲人的某些行为步骤。具体来说，我们可以从以下几个方面来展开对无障碍智能语音包装的设计：智能包装材料的选择上，有植入式芯片和镶嵌式芯片两种，二者在嵌入工艺上稍有不同。在包装设计中，镶嵌式语音识别芯片是主流，它可以将文本信息自动转换语言信息，并生成广播任务，这一技术的发展可以达到为盲人群体服务的目的。从包装结构的设计方面看，盲人主要依靠触觉进行识别产品、掌握包装开口的位置与方式，并依靠触觉判断力度与角度。因此，要特别注意其包装结构的稳固性和安全性，包装应易开启、易关闭，方便携带、取用以及处理。其中，最值得注意的是包装的开启方式，其可触性显得尤为重要，设计上要考虑到有抓握处、防滑，而且无需强力即可开启、非一次性地使用等。笔者认为可以在包装的开启部分运用机械弹力弹开的原理，安装一键启动式按钮，并可与镶嵌式芯片位置进行重合设计，以方便盲人操作使用。从盲人的触觉感受来说，应尽量减少因为包装印刷层次丰富而带来的干扰，摒弃多余、复杂的装饰性工艺，以免给盲人的触觉带来障碍。同时，还应考虑手指对包装表面盲点的触感要求，选用触感较强的盲点设计，以避免盲人不能通过接触、抚摸准确地识别、判断商品的包装设计的情况发生。从盲人的听觉感受来看，智能语音芯片的听觉语言要简单易懂，便于盲人根据语音信息提示来正确使用包装，包装内的产品也能通过语音形式反馈回来，使盲人在使用产品的过程中能及时获得声音的提示，从而让盲人正确地使用产品。同时语音的音量设计要足够大，语音速度要设计合理。过小、过弱的声音刺激盲人将无法察觉，过慢、过快的语速也将不能使盲人有效地获取包装信息，在不理想的语音环境中，如公共场所的嘈杂环境之下，也能确保盲人可以将注意力转移到产品上。最后，盲人用包装的听觉语言设计还应注重人情味，多一些人性化的情感表达，这也有助于智能包装与盲人使用者之间的沟通。

三、"佰味"智能中药包装设计示例

（一）包装材料的选择

本设计案例以再生纸板为包装材料，采用一体化成型的制作工艺，不使用任何的粘着剂，具有较强的环保与再创造理念。作为以废纸为原料的再生纸板，它需要经过分选、净化、打浆、抄造等一系列程序生产而成，它耗材少，价格低，能在一定程度上节约资源，减少污染，符合绿色包装设计理念的要求。同时也具有创造性的操作空间，有利于推进循环经济，塑造具有时代特征的再利用精神。为更好地理解盲人用品系列化包装设计，本案例以中药包装设计为选定对象，针对盲人设计的智能语音无障碍中药包装，利用卷尺原理与压力感应器相结合，辅以智能语音技术，使得时间可以被"听到"。

（二）包装结构设计

通过对盲人行为习惯的研究，我们对包装结构进行了改良与创新，开发出了适合盲人群体使用的包装结构。该包装采用一键启动式按钮，在包装的开启部分运用了机械弹力弹开的原理，使得盲人能够轻而易举地开启包装。盲人将中药取出熬制时，可以将包装盒挂于墙壁，并利用下端的拉环将带有时间刻度的卷尺带拉到熬制所需的时间，卷尺会自行回缩，等待拉环回到原始位置，压力感应器感应并报时（如下图所示）。另外，除了可以做时间刻度，包装盒也可再次利用，例如作为墙上装饰或者收纳盒等。

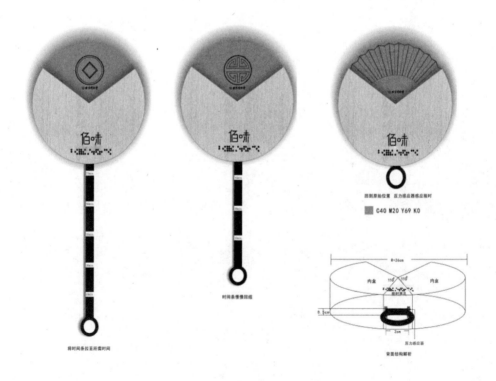

（三）包装装潢设计

此中药包装装潢设计抽取中国传统元素加入设计，简约古朴，素雅大方，符合中国特有文化的特质。标志符号简约大方，符号文字说明简洁洗练，字体设计为了方便阅读并没有选择繁杂的设计方式，而是选择了易于记忆、识别的设计方式，也迎合盲人的心理及生理状况（如图4所示）。考虑到盲人群体获取信息方式的特殊，封面所有的字体都选用凸印，且用盲文书写，便于盲人可以通过触摸了解到产品信息。并巧妙地将语音播放器与"佰味中药材"的盲文表现形式合二为一，使得盲人使用者在视觉缺失的情况下，可以通过触觉与听觉同时弥补。

（四）智能语音设计

本设计采用压力感应的智能语音包装设计，当包装开启后，包装正面的播音器就会播出语音介绍包装的使用方法，辅助使用者快速地了解包装的使用方法。盲人按语音指示取出药材，放入容器中煎熬，然后拉动包装下方的时间拉环，设置好时间。当所熬的药到达所设定的时间时，语音芯片感应到拉环回到原位时所带来的压力，就会发出语音提示药已熬好，于是使用者便可得到煎好的药。

七、基于项目化的包装设计课程教学

随着经济全球化的急速发展，用人单位对于具有复合型知识结构且具备熟练操作技能的创新型人才的渴求，与应届毕业生严峻的就业形势之间的矛盾日益凸显，这让我们不得不对传统的教学方式与实践形式进行反思。实践教学是包装设计专业教学的重要组成部分，清初教育家颜元认为"心中醒，口中说，纸上作，不从身上习过，皆无用也"，意指有些事想过，说过，写过，但若不亲身体验实践，便达不到预期效果。项目化包装设计教学就是在有效的教学组织下，将设计项目导入包装设计专业教学，并对此展开从理论到实践的教学活动，具有开放性、自主性、综合性和实用性等特点。它将各相关学科与当前实践项目的需求核心融合，让学生通过实践操作实现多学科真正的交叉融合，与此同时，培养学生对市场的认知及沟通能力，提高学生的团队合作能力及对视觉设计语言的敏感度，加强学生对造型、材料和印刷工艺的掌控能力等。虽然国内多数设计院校的实践教学已采用项目化教学，但其形式多以虚拟项目为主，对于设计专业的学生来讲，只有参与大量竞赛项目或实战项目才能真正走向社会，实现教学与社会的有效对接。

（一）构筑项目化教学管理平台

欧阳修《议学状》中有言"教学之意在乎敦本而修其实事"，意为教学要从教学对象的实际情况出发，并按照实际情况展开教学活动。具体到项目化包装设计教学，即为其包装设计学科带头人与专业领导者及决策者不仅要有对市场发展规律的整体把控和对专业未来发展方向的准确预判，还需规划并完成对包装设计实践教学基地的建设，对项目化包装设计教学评估体系的完善，和对项目化包装设计教学团队的合理配置等，同时对本校学生整体水平进行评估，依据当下市场状况、专业发展未来趋势及学生实际情况等制定出具有包装设计专业特征且符合本校实情的特色的项目化教学计划、教学大纲与教学目标。项目化包装设计教学是设计项目与课堂教学的有机结合，其中地方特色产品包装设计是项目化包装设计教学的重要素材，它可让学生从多元、多角度运用所学知识进行多层次的设计活动。从笔者所在院校地域环境及该院学生实际情况出发，其包装设计专业教学计划及大纲的内容皆脱不开该地域特色产品——坭兴陶及其他地方特色产品包装的研发与制作。此种教学目标与本土的有机融合有效规避了与其他多数艺术院校大同的教学内容培养出的大同的目标对象，这种与地方特色有机结合的教学培养模式对于提升毕业生择业竞争力具有积极的推进作用。除此之外，培养具有现代设计理念、高超设计水平和高科技设计技能并充满人文情怀的现代包装设计人员，是我们致力追求并一直努力的目标。

（二）依托实践教学基地进行项目教学

包装设计是一门涉及设计艺术学、消费心理学、材料学、物理学、数学等学科的综合性学科，在其课程设置上，纸包装结构设计、印刷工艺与制作、容器造型设计、玻璃工艺与制作及木质材料成型等都是包装设计教学不可缺少的训练环节。鉴于包装设计专业各课程较强的专业性，以及对于教学器材与教学场地的高标准、高要求，建立健全包装设计实践教学基地就成为一项必要且亟需实施的工程。实践教学基地是以学校为主导，结合企业经营方向，共同为教学提供的实践教学与训练场所，比如包装印刷厂、陶瓷厂、玻璃厂、木工坊等，这里不仅拥有高端机械设备，师傅也都是该领域的高手，可满足并实现学生在课堂上"想出却做不出"的奇思妙想。企业项目与教学实践环节的结合，促使学生设计实践能力提升，将课堂理论知识有效转换为可应用案例的同时，也给企业提供不同视角的设计思路。

（三）综合全面地进行项目教学评价

项目化教学在于培养学生对市场的认知及沟通能力，提高学生的团队合作能力及对视觉设计语言的敏感度等，其最终目的在于调动学生的主观能动性。教师作为项目化设计教学任务的组织者与执行者，需引导学生养成独立观察、独立制订方案、独立设计、独立思考以及客观评判的能力，这对我们能否顺利有效地进行教学评价起着不可估量的作用。依据包装设计专业特性和项目化设计任务的多样性，制定并完善灵活多样的项目化包装设计教学考核方式：以个人与小组、学生与教师、竞赛与市场等多方评价方式相结合，并依据所评估项目的特殊性有侧重地对其进行综合全面的评价。当然，评估体系的制定无法具体到每一个项目的具体环节，在真正的实施过程中难免有顾及不到的地方，这就需要教师在以后的教学工作中不断发现、不断总结，尽可能地完善项目化包装设计教学评估体系。另外，评估不能只看重项目完成的最终成果，对于学生在项目实施过程中的成长与进步也是评估本身需要考量的重要因素。

（四）项目化教学团队人员的合理配置

项目化教学注重培养学生在实践教学中的主动参与意识及面对不同情况发现问题、分析问题和解决问题的能力，根据不同能力培养需求，配置不同的教学老师：①课堂专业老师引导学生研究"做什么"的设计理念。教师根据项目需求将其转换为可执行的创新型项目化设计任务，让学生通过项目化课程学习，探讨该项目的设计原理并确定设计方案；②各工作室及基地老师负责教学生"怎么做"的技能。学生在完成项目设计任务后，需要将图纸上的设计稿转换成 3D 实物制作出来，但由于包装设计的专业特殊性，许多设计方案的实施工艺是在课堂上无法完全掌握并实现的，这就需要学生到与其项目设计方案相对应的工作室或教学实践基地，由工作室或基地的老师指导完成其项目设计方案的实物部分。这种教学团队的人员配置方案不仅可以让各专业教师将精力集中在自己专注的领域，并在该领域朝着更深更精的方向发展，也让学生得到更专业的指导，实现真正意义上的多学科的交叉融合，此间，学习与不同人的沟通、协作，以及培养其掌控、协调整个项目正常运转的能力，使其成为具有复合型知识结构且具备熟练操作技能的创新型人才。

（五）包装设计课程项目化教学流程示例

1. 确定选题

选题的确定直接关系到后续工作与本专业教学目标的一致与否。一般选题的拟定可分为学生自拟题目、教师拟定题目、学科竞赛题目和企业项目四种。①学生自拟题目一般以学生在校期间创新项目为主题。如 2011 级和 2014 级艺术设计（包装装潢设计方向）专业的两位同学以自己的自治区级大学生创新创业训练计划项目作为项目化包装设计的选题。②教师拟定题目一般以课堂专业教师的科研项目分支为主题。如 2009 级和 2010 级艺术设计（包装装潢设计方向）专业有学生参与教师科研项目，并以教师科研项目为依托，分别主持完成"坭兴陶茶具纸包装结构创新设计""茶具包装结构设计""古韵坭兴坊茶具包装设计""坭兴陶茶具组合型包装结构设计"等项目创新设计研究。③学科竞赛题目是以当年包装设计专业竞赛单元为主题。④企业项目则以学校合作单位或各实践基地所接项目转换的可执行的创新型设计任务为主题。这种由虚拟项目到实战项目的转变，既能减少虚拟题目带给学生的盲目性，提高学习热情，又能激发他们的责任感与使命感，以及项目被肯定之后的自我价值实现的成就感。当然，选题的拟定要根据学生的兴趣或具体情况确定，但在此过程中，课堂专业教师需参与指导并把握选题的向度，使其与学生的知识结构、实践操作水平及个人成长经验相匹配，如2009级艺术设计（包装装潢设计方向）专业的一位同学就是以自己家族企业的养生酒作为项目化包装设计的选题，这种现学现用的实践教学方式目标明确，且具现实意义。

2. 项目实施

项目实施阶段也是项目的设计创作与制作阶段。此阶段一开始，项目组成员应就项目本身展开讨论，以明确项目的预期成果、进度安排、重点难点、任务分工等，此间，可邀请课堂专业教师和相关工作室或基地老师参与讨论，尽可能全面考虑项目实施过程中所遇到的变量及其他干扰要素，对于不合理的项目内容及时给予修正，避免不可控的干扰事件发生，在此过程中，课堂专业教师需就设计的创新性、低碳性、安全性、人性化等方面及时提出建议并充分尊重学生的意见，而工作室或基地老师则要对项目设计的合理性与后期实物制作的可操作性作整体把握。在项目的设计过程中，教师需跟踪其进程，与学生及时沟通项目中遇到的问题，引导学生面对不同的问题如何去分析并找到解决问题的方法，如学生在参与专业教师科研项目并分别主持完成的"坭兴陶茶具纸包装结构创新设计""茶具包装结构设计""古韵坭兴坊茶具包装设计""坭兴陶茶具组合型包装结构设计"等项目创新设计研究的过程中，为在保护被包装物的基础上尽量减少包装材料的用量，降低包装成本，实现绿色低碳包装设计理念，项目组成员在工作室教师的指导下反复地对其进行破坏性试验，以寻求更合理的纸张厚度与结构形态。项目化教学形式相对自由，部分学生对适应此种教学形式可能需要一个过程，此间，教师应及时协调引导，尽量为其安排具体的工作任务，避免学生进入困惑迷茫、无从下手的状态，影响学习生活。在此阶段，学生有时需离开教室或工作室进行市场调查、资料搜集等活动，这与固定的教学管理体制有异，教师需与相关负责人沟通协调，为项目化教学的顺利实施提供保障。

3. 项目评价

项目评价是对项目成果的验证与评价，也是对整个项目化教学的评价与反思。一方面检验学生对项目化教学的领会程度及反映状况，另一方面验证项目内容的向度是否符号并满足专业培养目标。由于学生选题方向及方式的多样性与灵活性，其成果形式各异。如：2009级唐青同学的"坭兴陶茶具纸包装结构创新设计"不仅被钦州某坭兴陶公司采用，还获得2013年挑战杯广西大学生课外学术科技作品竞赛二等奖；2010级谢文彬同学的"清雅餐具包装设计"在参加2013年第十五届湖南之星设计大赛中荣获一等奖和最佳创意设计奖；2010级覃克武和周杏同学的"佳酿葡萄酒系列包装设计"和"广西壮锦包装装潢设计"在2014年中国包装创意设计大赛中均获得二等奖佳绩；2013级宋雨婷同学的"宋雨婷的店苏式月饼系列化包装设计"不仅荣获2015年中国包装创意设计大赛三等奖，并着手申请专利。这些实战型的项目化包装设计在完成项目本体任务的同时，激发了学生的学习主动性，提高了学生的科研意识与创新能力。此阶段，教师须引导学生学会独立观察、反思与客观评判，通过学生自评、同学互评、教师讲评、竞赛评审和市场评价等多种评价方式结合，对项目内容、项目过程、项目成果等进行包括成功与失败经验的多角度评价，并及时反馈及优化项目化教学过程。

项目化包装设计教学理念的贯彻，对学生是与市场直接对话的实战机遇，但对教师却是意味着需要投入更多时间和精力，从教学者向组织者、协调者和推动者的转变过程，这不仅需要教师对其专业知识进行重新构建，还需要强化对行业发展现状把控和对项目成果预判的能力。包装设计专业教学内容除了材料选择、结构设计、视觉表达、印刷工艺外，还需结合消费心理、市场营销、设计管理等领域的知识展开，培养学生的设计创新能力、实践操作能力、沟通协调能力、团队合作能力和组织管理能力等，这是传统课堂教学不能够完全给予的，它需要深入到实际的项目实践中，在多学科、多元化的培养下，通过校企合作等产学研横向协同创新研究，结合系统的、科学合理的教学评价，让教学突破单个专业、一室一师的格局限制，通过对实战项目的分析定位、设计创作、验证反馈等环节，在巩固学生专业基础知识的基础上，使其接触不同的学科探索方式，培养学生对多学科知识的整合能力，激发其专业设计潜质，实现对具有复合型知识结构且具备熟练操作技能的创新型人才的培养目标。项目化包装设计教学模式的优势在于对设计实践的强化和对设计情境的强调，但由于包装行业的专业发展特性，包装设计教学必须面向市场，探索创新适合当下社会发展与需求的教学模式，并根据课程特点进行合理调整，才能不断培养出适合社会发展和市场需求的高素质设计人才。

拓展研究

基于实验室模式的包装设计有效教学

包装设计专业在教学方向及教学策略各方面都还有很大的发展空间，积极研究探索各种有效教学方法已成为包装设计教学的首要任务。实验室模式教学成为探索包装设计有效教学的重要手段之一，制定合理的课程教学目标、有效的教学管理模式，组建优秀的师资力量和提供完善的教学设备是实验室模式教学达到有效的必然条件，本书试从包装设计教学有效性不足开始分析，对包装设计有效教学进行初步的探索与研究，为包装设计有效教学提供意见和可能。

一、国内包装设计专业教学有效性不足

目前，我国现行包装设计专业教学仍存在诸多不足之处，具体表现在：

1. 包装设计专业学生"求学心态"的不健康

人类的任何活动都离不开动机，动机是一种行为驱动力，它是由外部压力和人自身心理欲望结合而成的，它在推动和规范人类活动方面，如：学习方向的确立、心态的端正性和阶段性成果的取得等所起的作用都是不可忽视的。然而，艺术类专业的高考扩招虽然在一定程度上提高了学生的升学率，但也为学生"求学心态"的不健康性埋下伏笔。

学生"求学心态"的健康性是非常重要的，它关系到一个学生是否对所学专业感兴趣，在设计上是否具备创造性思维，是否能在设计行业有所发展等问题，同时也对学生日后人生目标的确立和就业问题有着直接的影响。而现阶段各高校的盲目扩招却为学生"求学心态"的不健康提供了"有利"条件，所以，端正学生的"求学心态"是有效教学顺利进行的首要条件。

2. 教学大纲"面全而不精"

教学大纲是一个教学单位纲领性文件，是一个学科整体构架的体现，结合学生所学专业对其进行科学合理的安排是取得成功教学成果的关键，也是学生有效学习的保证。目前大部分高校的教学大纲都存在一定的问题，从教学内容看，包装设计专业相关课程所需的基本知识都几乎囊括，但普遍存在"面广而不精"的现象，主修课程和选修课程在课时安排上缺乏主次之分，无法让学生深入地去消化课程教学的内容，课时的安排使得师生之间在课堂上缺少互动，几乎处于一种形式教学，让学生处于"兴趣学"和"任务学"的徘徊边缘。短暂的课程接触使我们的学生因为不断追赶着课程安排的进度而进行着完成任务式的学习，毫无成效可言。要确保教学的有效性，就必须在制定教学大纲的时候，既考虑满足包装设计基础理论知识教学的充分开展，也要保证各关联学科知识的开设，以此来确保学生知识结构的全面性。因此，建立合理完善的包装设计教学大纲是培养优秀设计人才的重要前提条件。

3. 师资力量的薄弱与教学设备的缺乏问题

现今各类设计院校进行扩招，大批量的学生进入高校进行专业知识的学习和技能的训练，然而部分高校在扩招的同时却无法提供完善的师资力量和相应的专业教学设备，这对于学生来讲是极不负责的。就包装设计专业而言，更是要求有一批对本专业相当熟悉或精通的教师，一旦涉及包装工艺或技术等专业性知识时，必须安排相关专业研究方向的教师进行深入讲解，而不是肤浅地传授给学生一些表面皮毛的知识，这不利于学生对知识的全面认识和理解，使得包装设计教学质量得不到有效保证。教学设备方面同样也存在严重不足，学生可以在课堂上进行理论知识的扩充，但在涉及专业技术实训的内容方面，教学设施的欠缺导致学生无法把在课堂上所学到理论知识与实践相结合，这就造成了教学理论的空洞性，把学生朝着"眼高手低"的局面培养，也严重打击了学生的学习兴趣。在包装设计教学过程中，设计院校提供完善的师资力量和专业教学设备是有效教学的重要保证。

4. 包装设计教学成果与市场需求的供求矛盾

据调查，目前从高校出来的学生在就业时很少能找到跟自己所学专业对口的工作，也就是说在高校学到的专业技术无法与市场需求接轨，这在一定程度上反映了当代教育制度存在的问题。传统的教学模式培养出的包装设计人才专业基础知识薄弱，缺乏解决实际问题的能力，所学的技术知识不够完善，缺乏对包装设计行业每个技术环节的掌握。这都是包装设计教学过程中没有达到有效教学所造成的后果，毕业生出现"专业知识面窄，综合实践能力低"的突出问题，这与市场需要的"复合型人才"之间形成严重的供求矛盾。

二、包装设计教学中实验室模式引入的必要性

1. 陶瓷造型实验室教学

当学生理论知识得到一定扩充的时候，相关实践应结合理论同步进行，理论实践相结合，培养全方位人才，陶瓷造型实验室教学对于包装设计专业

容器造型课程开展而言极有意义。

陶瓷实验室的建立可以让学生在学习容器造型结构的时候进行实体训练，是课堂教学的重要补充，可以培养学生动手能力，促进基础知识向实际能力的转化，有利于培养学生实践综合能力。例如：在学习陶瓷包装容器造型的时候，让学生亲自动手，从泥土材料的选择、淘泥、拉坯制作到干燥烧制等各个环节的亲手参与，让学生体验到学习的兴趣，同时通过把学生自己设计的容器造型由抽象的设计稿到具象的陶瓷模型的转换，亲自验证自己设计的容器造型在现实生活中的可行性，增加对包装容器造型的进一步理解。这也为学生能够设计出更多有创意的包装容器提供了更多的实践机会。

2. 木工造型实验室教学

木工造型实验室教学对于包装设计专业的学生具备而言好处颇多，既可以增加对包装材料属性的理解，熟悉各种木质材料，同时也可以掌握各种工具的具体使用方法。

在进行木质包装容器设计制作之初，往往需要提前对各种包装材料进行尝试，以求找到最适合的包装材料，这可以增强学生对各种木料的认识。例如：松木，价格实惠，但在具体制作的时候，由于松木不易刨，因此取得包装容器表面的光滑效果就有一定的难度，此外，松木易发霉的特性决定了其在包装容器使用上的局限性；而杉木材料则体现出不一样的特性，杉木相对于松木而言在价格上要相对昂贵，但其表面却容易刨光，易于进行工艺处理等。

木工造型实验室教学模式可以给学生留下深刻印象，学生通过这些木材成型设备，在增强综合设计能力和实际动手能力的同时，还能采取各种工艺手段更直观地表达自己的设计构思。

3. 印刷实验室教学

作为包装设计人员，了解有关的印刷知识是一个非常重要的内容，在包装教学课程设置上纳入印刷实验室教学不仅缓解了教学课程的单调性，也为设计学生在今后竞争激烈的就业增添了一定的技术砝码。

懂得印刷方面的知识，不仅能让设计师采取最适合的印刷技术来表达自己的设计创意，取得最完美的印刷效果；同时也能在产品印刷后采取最实惠的印后工艺来提升产品的价值，这不仅为厂家在生产成本上减少了一定的开销，同时美观精致的外包装也为产品在宣传方面起到了更好的促销作用。印刷实验室教学把理论与实践一体化，理论知识的学习与印刷实验室提供的印刷机械设备，给了学生一个理论与实践相结合的平台，对学生在了解印刷设备、印刷原理、印刷流程和印刷工艺等方面的知识起到了关键性的作用，有效地预防了在今后的工作中出现设计师与客户及技术人员之间难以沟通的问题。

4. 设计工作室教学

设计工作室教学是继课堂教学后学生思想交汇聚集的场所，是老师互换有效教学经验和共同讨论有效教学方案的平台，是课后专业知识拓展升华的地方，同时也是学生寻找兴趣设计的热土之源。

包装设计教学启用设计工作室教学法，可以充分地利用课余时间为学生打造良好的求学氛围，提供给学生共同探讨设计理念、相互交流设计思维的学习氛围。通过市场来检验学生的学习成果，也能为学生与市场需求之间搭建桥梁。在进行设计训练期间，教师之间相互交流探讨，总结有效的教学经验，为培养学生成为符合市场规律需要的人才起到了一定的作用。学生从参与设计、驾驭设计，最后自己主导设计，这样的工作室"教学"把虚拟实践转变为实战设计，真正提高了学生的设计能力。此外，设计工作室教学也有助于培养学生的创业精神，减少就业压力，志同道合者经过自主聚集组成专业的设计团队，可以直接与企业接轨完成设计工作；设计工作室教学也有助于优秀教师团队的发展，在工作室教学期间，各专业相关的指导老师之间相互交流教学经验，可以促进教师全方位发展。

三、基于实验室模式的包装设计有效教学设想和建议

1. 更新教学观念，规范设计教学，确定新的教学目标

随着教育改革的逐步深入，高等设计院校设计教育专业口径已开始拓宽，传统的包装设计教育模式已不能满足现代包装设计教育的需求，教育目标不再是简单的知识传授，而是着眼于学生知识、技术技能、职业观和为人处事等全方面的培养，因此包装设计在教学观念上要有所更新。

包装设计教学内容也应有明确的目标，教学任务不再是一个梗概概括，在教学上应有总体的规划，制定更为细化明确的教学步骤。包装设计专业要制定完善的教学计划，教学目的要具体到课程的安排，课程安排细化到课时的安排，课时的安排再细化到教学目标的制定。教师不应只是按时完成教学任务而忽视教学成果，因为授课内容的多少和知识面的宽广并不代表所有学生获得的真实教育结果，而应把学生的学习成效作为衡量授课成功与否的标准，把学生学习中出现的不适应现状积极进行教学反思，最终以口头形式或是书面形式向上级领导汇报实情，积极采取措施，致力于探索出更适合学生学习的教学方法，确定新的教学目标。

2. 完善教学设备，理论与实践同步发展

目前大部分包装设计院校面临扩招但教学设备不完善的问题，导致教学内容与实践无法同步进行，为了设计人才的全面发挥和教学的有效进行，完善教学设备成为高校实行有效教学的首要任务，高等院校为了适应市场培养技术型人才，教学设备是最好的辅导手段。为使高校教学设备缺乏问题得到解决，各高校管理部门要综合考虑学校建设发展计划、新专业建设、专业设置和优势学科建设等诸因素，把握住整体目标和大的投资方向、投资计划，着重解决设备问题，为国家包装设计人才的培养创造有利条件。

3. 积极探索有效教学的新模式

在当今教育体制下，有效创新的新教学模式成为影响教学成果的重要因素，各种新的教学模式在实践中检验出其对教学成果的有效性，如：创建包装实验室教学模式，积极有效地解决了学生理论实践无法结合的问题，提高了学生的动手能力和创造力；网络包装设计教学模式，可以将我们的课堂引入先进的网络技术中，实现现代信息技术与学科的整合，扩大了学生的视野，无穷的信息为学生个性化学习、创造性学习提供了充分的条件；包装设计工作室教学模式，拉近了学生与产业之间的距离，是包装设计院校培养市场需求型人才的重要手段，让包装设计与产业接轨。诸如此类，不断对现有的教学模式进行分析，结合现阶段的教学成果，积极地探索各种新的教学模式成为包装设计专业发展的重要举措。

综上所述，包装设计教学应采取各种有效的实验室模式进行教学，不断对现有的教学成果进行总结分析，结合我国目前的教育体制，制定出更完善有效的教学计划，在包装设计教学中不断探索研究出迎合时代、社会和消费群体不断更新与变革的措施，将包装设计教学融入更多的设计理念，开拓更宽广的教学空间，为包装设计有效教学开辟新形式。

八、创意包装设计方案及应用

（一）概念性包装设计

概念性包装设计是在原包装设计的基础上作出的一种探索性的、创新性的设计行为，其目标是研发出概念包装，终极目标是开发出一种新的、符合人类健康发展的包装设计。简单来说，概念性包装设计是一种预知性的成果，是包装设计者对包装设计构成的一种前期设计方案。在生活方式日益变化的今天，概念性包装设计作为一种新的包装形式，可以引导出一种新的生活方式及健康的消费形式。而国内外的包装设计者也正在探究这一新的包装设计形式，希望引起更多人对这一包装形式的重视，激发创新意识。

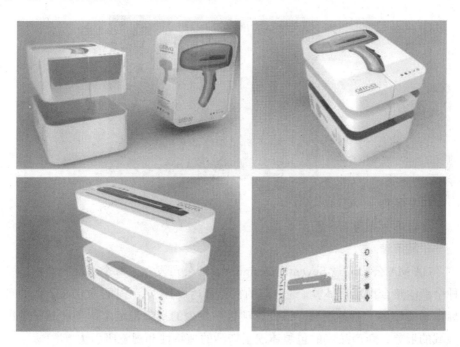

作品名称："ATTIVA"产品

设计师：布鲁诺·西里安尼

作品解读：

GA.MA 公司通过 Seventh Design™设计公司发布了一个新品牌并推出一种全新的整合型用户体验。通过新的视觉传达设计，Attiva 再次定义了他的目标市场并拓展了业务领域。该设计项目用最少的视觉词汇定位了产品在零售领域的形象，新产品线的包装体现了产品的独特性和视觉吸引力。

作品名称：Break an Egg 打破彩蛋

设计师：安尼斯蒂斯·米凯利斯、卡特琳娜·利克雷斯、玛利亚·斯塔马蒂欧、兰布罗斯·曼索斯

作品解读：

本项目是为Ⅱbox餐厅所进行的设计，可用作希腊复活节的礼品包装或餐桌装饰。

作品名称：Experimental Ice Cream Project 试验性冰淇淋项目

设计师：西尔维娅·S·桦岛、吉列尔梅·多恩利斯、弗拉维欧·陈

作品解读：

设计策略以视觉冲击为基础，通过四个不同的概念表达出来。OQ意为"什么"，它突出了产品与消费者之间的对话。例如"什么能让你快乐？"Sorven'Up则与其他品牌相类似，设计师通过大笑的动物形象传递了快乐的概念。

作品名称："GROW YOUR OWN"种子

设计师：亚当·佩特森（Adam Paterson）、桑蒂·唐苏克（Santi Tonsukh）

作品解读：

100%再生瓦楞纸状硬纸板就是该产品的包装。根据用户不会一次性大量播种和用完种子的现象，新包装便具备了易于再次封闭和有序分类的特点。新包装中，完美的"V"字形使得种子取出便捷了许多。

种子相同距离的种植陈旧且乏味，新型的带状设计，使用户可以很容易、快捷地定位而且方便了种植。装球状的种子的包装让人想起棕色纸袋，与消费者经常看到或购买成品蔬菜时使用的容器异曲同工。颜色与材质也别具一格。

作品名称："HAP BY HAFSTEINN JULIUSSON"实验性快餐

设计师：哈夫斯泰因·尤利乌松

作品解读：

Slim Chips 是一种实验性快餐。垃圾食品的消费经常与习惯和社会习俗有关，这种社会习俗经常是为了打破枯燥规律的生活而非为了抑制饥饿。本产品的基本原料是可食用的纸，没有营养。想要不发胖就什么都不要吃。这就像品尝美味的空气，而这美味来自薄荷糖、蓝莓、干酪或者山葵。不过在勇敢的消费者面前，这种尝试就像在玩火，而且好像事与愿违。

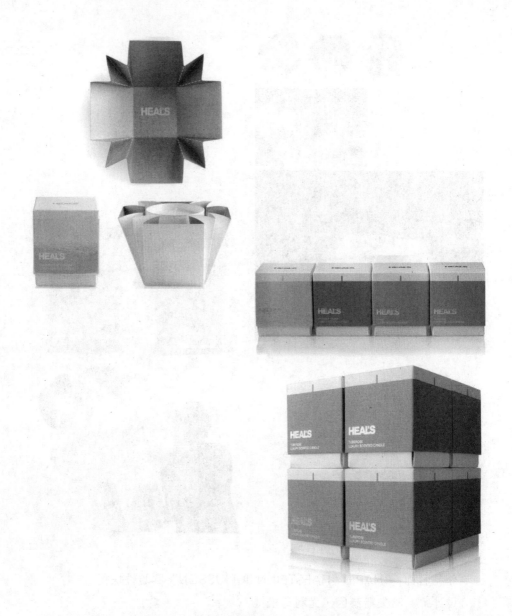

作品名称："HEAL'S"奢华香蕉蜡烛

设计师：乔恩·霍金森（Jon Hodkinson）、安德鲁·斯克拉斯（Anderw Scrase）

作品解读：

Aloof Design 设计公司为蜡烛设计了全新的包装，从整体上提升了他的价值，用普通包装的预算完成了奢侈包装的效果。

作品名称："ILOVEDUST"

设计师：约翰尼·温斯莱德（Johnny Winslade）、乔迪·西尔斯比（Jodie Silsby）

作品解读：

因为需要借助传统肉食店来塑造我们的自然品牌形象，所以我们将围裙、茶巾和一本印有我们最新作品的手册包在一起，设计了简单的印刷效果，并用麻绳将它们绑在一起。我们将作品呈现给所有的和潜在的客户后，得到了很好的反馈。

作品名称：Kefalonia Fisheries Organic Sea Bream 凯法劳尼亚渔场有机海鲷

设计师：格雷戈里·萨克纳基斯

作品解读：

凯法劳尼亚渔场的主要产品是干净新鲜、可即时烹饪的凯法劳尼亚黑鲈和海鲷。产品所面对的消费群体时折中主义者。设计师在包装设计中添加了产品的烹饪方法：简单的烹饪方式然后添加一些香草就能突出它的独特口味。透明包装上的标识带有提前预告了鲜鱼的烹饪效果，让鲜鱼的形象更加突出。

作品名称："LET'S PLAY" 食谱

设计师：Design affairs Studio team 设计团队

作品解读：

　　Let's play 的通用型设计将国际美食带进每个家庭的厨房。产品分为三个国家、四个等级，内部独特、传统、美味的食谱，包装背后放置有特殊工艺制成的混合香料，为食谱增添香味。玩家在包装前面可以发现问题卡和任务卡。最多有四名玩家可以同时参加，从一开始将所有元素放到一起后游戏便不会停歇，得分最高的玩家赢得比赛。问题卡与美食所属国家的文化有关。Let's play 食谱的意义就在于向人们揭示，做饭不仅是娱乐的过程和简单的体验，甚至还是教育的过程。

作品名称："SR116"钱包

设计师：斯鲁里·雷希特

作品解读：

SR116 钱包是纯皮钱包，取材于尼罗河鲈鱼身上的鱼皮，以激光切割的方式完成，可以自由折叠，并辅以黑色铆钉。它有五种材质：牛皮癣状、瘀伤状、枯斑状、冻伤状和紫外线灼伤状。

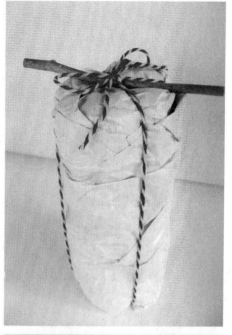

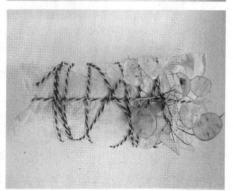

作品名称：回收与天然

设计师：斯坦·恩格斯·汉力森

作品解读：

通常与花钱买材料来制作礼品包装相比，正确的材料组合使用更能够让一份礼物看起来很不错。在这里使用了设计师从他收到的其他包裹上回收的环保纸作为材料，结合了传统的红/白棉绳以及在丹麦的冬天中找到的天然材料。

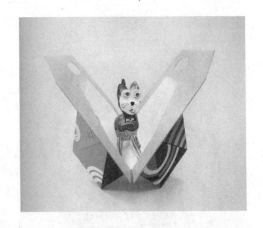

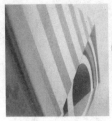

作品名称：奇异果包装设计

设计师：雷佐·盖瑞克利德兹

作品解读：

奇异果公司主要生产不同寻常有颜色缤纷的礼品护身符，因此现在需要来改变一下包装去迎合公司的产品以及体现公司对于每件产品的不同构想。除此之外，包装在设计上还需要去满足所需的技术要求，运输方面要足够结实足够大，甚至要留出一些特殊的小孔来供动物呼吸。

（二）主题性包装设计

主题性包装设计是指针对某一特定的对象、节日、消费群体而设计的一种单独、统一的设计风格，为突出某一理念而专门进行的设计。本节所选主题性包装设计主要根据某一理念、节日、态度及类别作出的包装设计研究。主题性包装设计的探究为包装设计添上新的形式，让琳琅满目的商品货架增添了又一亮点。

作品名称:"咬我吧"

设计师:瓦西里·卡萨布

作品解读:

"咬我吧"品牌以适量的健康生活理念为开发的基础。设计师在该项目的设计过程中,对可可粉的百分比进行了仔细的研究,力图在包装上也能够充分地展现出巧克力的精确分量。这一包装方案运用不同的色彩对应不同的百分比(70%、80%和90%)以及小型巧克力礼物进行了鲜明的区分。除此之外,设计师还精心地为这一包装盒设计了购物袋。整个方案运用了100%无墨设计手法和浮雕模切以及激光雕刻等模式,强化了包装的触感体验。

作品名称：2010 年的 20 个愿望

设计师：索菲亚·乔治普罗

作品解读：

2012 年的 20 个愿望。这一系列设计包括包裹在葡萄酒瓶外的 20 张海报和一款日历。这是由索菲亚·乔治普罗设计工作室设计的，装在浅褐色棉布袋中的 2012 日历葡萄酒，作为一款送给索菲亚的朋友及客户们的圣诞礼物。海报与日历的插画设计和视觉形象选自雨（以及设计灵感来源于）索菲亚设计工作室名为"索菲亚每日创意"的博客。

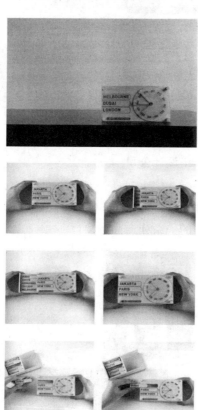

作品名称："FLIGHT 001"公司的世界时钟

设计师：阿达姆·穆勒迪

作品解读：

Flight 001 是一家提供旅行者需要产品的公司。随着公司业务的全球化发展，为了适应这种趋势，他们发现了旅行者最重要的一款产品——世界时钟的同时也了解到旅行者备受困扰的是时区不同时要调整手表时间。新发明的时钟，能够根据不同的地区和时区来校准时间，从根本上解决了旅行者的烦恼。产品由轻薄的木材制成，便于携带，并能同时显示三个不同地区的时间。

作品名称："JAMIE OLIVER"厨房与家居用品

设计师：Pearlfisher 设计公司

作品解读：

这是一个新的品牌创意，为 Jamie Oliver 设计出一个新的生活方式概念，来提升他从厨房到家居的一系列产品形象。

作品名称：Joe's Ice Cream 乔的冰淇淋

设计师：贝奇·鲍尔温、赖安·蒂姆

作品解读：

乔的冰淇淋已经在威尔士有近百年的历史了，许多来自英国各地乃至其他国家的人都慕名而来。作为一款本土冰淇淋，全新的品牌形象和包装设计以怀旧的排版风格为特色，得到了广大消费者的一致好评。

作品名称："JORDAN X LEVI'S"运动鞋

设计师：ilovedust 设计公司

作品解读：

我们为 Brand Jordan 设计包装和插图，以庆祝乔丹和 Levi's 501 的联姻。这款包装以 Jordan 和 Levi's 的流行化特点为依托，采用独特的插图和平面设计完成，同时我们还设计了 T 恤和透明塑胶分层包装盒。

通过研究，我们以独特的方式呈现了他们的鞋和牛仔裤系列产品，更直观地了解了产品。我们以相互关联的、精致的手绘图形为切入点，结合单个产品的细节和图形元素、品牌要素完成了设计作品。盒子的每个面不同的图案有效地区分开来。

作品名称："KIKORI"牛仔裤

设计师：本·考克斯

作品解读：

一般信息：该品牌围绕人物樵（Kikori）展开，这是一个优质、专业的牛仔裤品牌。在图形化和美妙中存在奇妙的空间。它们代表了 Kikori 子品牌的产品，通过使用子品牌的产品卡和网站导航栏上树冠中的不同元素来进行区分。

包装信息：切割的树木和图形化树木通过包装扩展了主题，并出现在于品牌相关的印刷品和数字媒体上。包装工艺精制，元素取材于各种年龄的松树中。它们完整的、非对称的结构达到了形态各异的个性特点。

网站信息：网站的导入过程是 Kikori 的动画，网站主页完全呈现后，动画才会结束。线性的导航系统允许用户可以在樵树上浏览 Kikori 品牌的各种产品。

作品名称：Lay's Vhips Package Redesign 乐事薯片包装重新设计

设计师：托米斯拉瓦·赛库里克

作品解读：

这个重新设计的乐事薯片包装和标识是一份学生作业，使用了牛皮纸、卡爱的卡通形象和大地色系。包装设计极具辨识度，能够从同类零食包装中脱颖而出的同时还能为派对带来额外的乐趣。

作品名称：Marou Wallpaper* Handmade 马罗与《墙纸》手工制品包装

作品解读：

英国《墙纸》杂志的一位人士通过一些精彩的系列活动而被介绍给了马罗包装。他们邀请 Rice 创意公司和马罗巧克力公司制作一款限量版巧克力和一套年度手工活动的包装，用于在 2012 米兰设计展上展示。马罗打造了一款80%的越南可可有机巧克力。而 Rice 创意公司则以原来的墙纸设计为基础，融入了《墙纸》的标志性星号符号，开发了一套新包装。

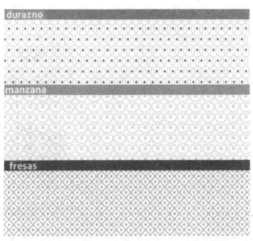

作品名称：Natural Snacks 天然零食

设计师：霍苏埃·格兰达

作品解读：

本项目是为"天然零食"牌干果产品所进行的品牌形象设计和包装设计。

作品名称：Vosges Haut-Chocolate Baking Mixes & Holiday Collection
孚日奥巧克力烘焙组合及节日礼盒

设计师：吉姆·克诺尔

作品解读：

　　该设计是为孚日奥巧克力的全新奢侈烘焙组合和限量版节日礼盒所提供的包装设计。烘焙组合有五种组合，每种组合都有一种独特的餐具特色。节日礼盒包含六种独立礼盒设计以及节日浮雕巧克力套装。每个浮雕巧克力的图案都采用了全新的模具。

作品名称："ZÜRCHER"巧克力

设计师：斯塔斯·西波维奇（Stas Sipovich）

作品解读：

这是为位于苏黎世的瑞士家族巧克力、外卖甜品企业设计的概念品牌形象、标志、字体、形象和包装。

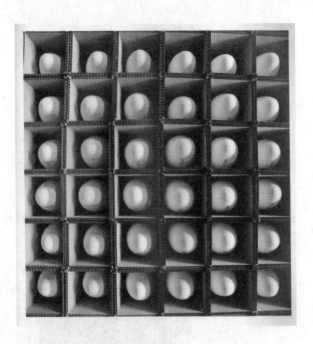

作品名称:"编码鸡蛋巧克力"

设计师:克塞维·卡斯泰尔(Xevi Castells)

作品解读:

这是一个限量版系列产品,这就意味着它要独特、精致且显得亲民。"编码鸡蛋巧克力"的包装采用了激光切割纸箱,并用标签统一封装,体现出家用和生活化一面。

标签是不干胶形式,设计成一张票据的样子。这虽然是限量版产品,但经过设计之后,它看上去既亲民又不失个性。它甚至可以作为礼品赠送,而且不需要额外的包裹。里边盛着仿鸡蛋造型的巧克力,这些巧克力无论在颜色、材质和摆放方式上都与真鸡蛋类似。产品是黑巧克力,混合了可可黄油和白色人工食用色素。

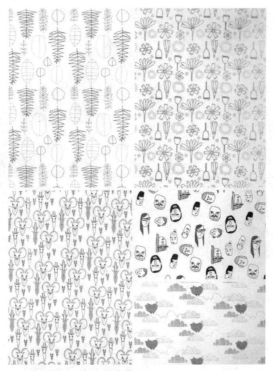

作品名称：叶子与花朵礼品包装纸

设计师：金姆·威林

作品解读：

　　这是为网上商店设计的叶子与花朵图案的礼品包装纸，各种各样麋鹿图案的包装纸，飞翔在云朵中的小猪图案的包装纸，不同脸孔图案的包装纸。

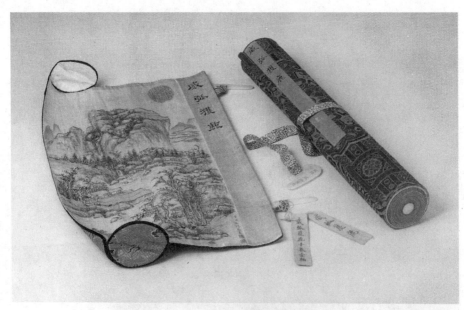

作品名称：织锦《威弧获鹿图》卷轴画套

朝代：清乾隆

规格：长 36 厘米、直径 6.5 厘米

故宫博物院藏

　　画套为杏黄色的金线织锦，压黑色包边。画套上的白玉别子仿汉玉蝉形；画套内衬白绫，上由质庄亲王永瑢绘设色《秋景山水》，右方贴淡青色绫签，隶书"威弧获鹿"4 字。内装《威弧获鹿》卷轴。乾隆酷爱射猎，《威弧获鹿》从一个侧面反映了乾隆的"十全武功"。以其子永瑢的画别子《威弧获鹿》，反映了父子情深，同时也使别子的形式有所创新，以画包画，别开生面。

作品名称：珠宝小礼盒

设计师：缇莎·法洛

作品解读：

　　设计师缇莎·法洛作为插画师的同时，对包装设计有着很大的热情。这些小礼盒原本是设计作为珠宝的礼盒包装，但它们在 Etsy 上销售得又是如此地好，因此现在设计师开始将它们作为独立的包装出售。

（三）系列化包装设计

系列化包装设计是指整体系统的视觉化包装设计体系，可以使商品以整齐规划，整体统一的视觉效果出现在商品货架上。整体统一的视觉效果可以大大增强消费者对品牌、企业形象的认可，在广告宣传与展示效果上也有良好的反映。系列化包装设计通过统一的品牌、造型，以不同的颜色、图案、文字设计反复出现，重复视觉效果，呈现出强烈的信息传达力。这样的设计方式，有利于消费者对产品的识别和记忆。本节所收录的包装设计作品，通过其自身的方式向读者传递了系列化包装设计的所呈现形式及其所包含的内涵。

作品名称："BUILD YOUR OWN" 瓶贴

设计师：安迪·扬托（Andi Yanto）

作品解读：

本设计目的是圣诞节为客户送上独特的礼物，这也是一种全新的业务介绍手段。此设计要让客户联想到我们投入的时间，也要体现我们的创造力和幽默感。我们设计了自己的瓶贴。每一张瓶贴都基于我们一名员工的脸部特写照片。这些脸部特写照片鼓励我们的客户去"BYO——建立自己的形象（Build Your Own）"。酒和瓶贴成了本人不在时的最好替代品。

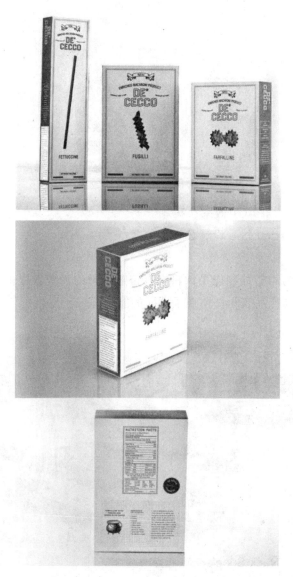

作品名称：De Decco 德科意大利面

设计师：泰斯·永基·李

作品解读：

德科意大利面源于 1886 年，蓝色为标志性色彩。设计师从旧磨盒中获得了设计灵感，将磨盒造型和各种意大利面的造型结合起来，既体现了产品的特色，又保持了品牌的标志性蓝色。

作品名称：IMPACT 效果饮料

设计师：Esther Lee 设计公司

作品解读：

效果饮料为希望控制能量饮料中兴奋剂效果的消费者提供了新选择。色彩、罐装尺寸和产品表示都体现了不同的能量等级。

作品名称：Ñack Snack 奈克西点

设计机构：01oramara 品牌包装设计公司

设计师：马拉·罗德里格兹

奈克谷物棒由谷物、水果以及巧克力或酸奶糖浆制成。为了勾起人们的食欲，设计师使用了产品实物照片为主要元素。添加了产品的成分照片是为了与其他品牌区分开来。白色背景来凸显品牌的诚信度，突出了纯粹、自然、健康的理念。最后，设计师利用不同的色彩来区分了口味，让整个产品系列更富活力。

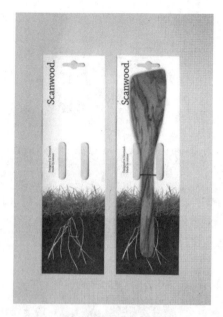

作品名称："SCANWOOD"厨具

作品解读：

Scanwood是丹麦最大的厨房木质用具生产商,其产品出口到欧洲和中东。Scanwood 希望向人们传递其产品的天然特点以及对生态环境无害的加工过程。品牌效应通过简单的包装设计而凸显。丹麦的设计源于自然和生活,关注产品本身并告知人们现代消费社会中可持续发展的重要性。这个品牌故事非常视觉化且易于理解,所有消费者都能直观地了解产品。

作品名称："YUMMY"冰激淋

设计师：乔·里卡多·马沙多

作品解读：

Yummy冰激淋的品牌和包装设计是葡萄牙卡尔达什达赖尼亚艺术设计学院（College of Arts and Design Caldas da Rainha）平面设计专业的毕业设计。利用包装的主题形象吸引住追求"高品质"冰激凌的父母。这款包装力求与孩子们互动，可以为孩子带来乐趣，还可以储存并收藏起来。这张可爱的脸使其在货架上变得格外突出，它同时也是一个自然环保的设计，得到了身心健康的肯定。

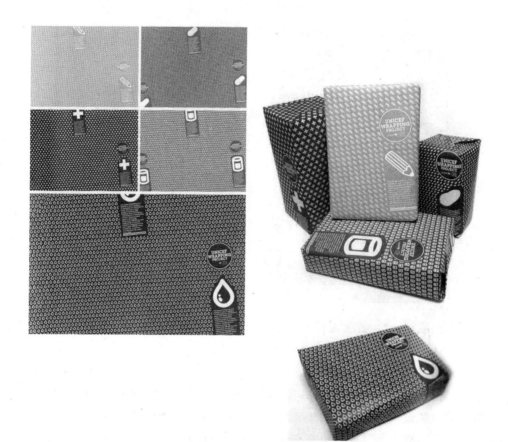

作品名称：联合国儿童基金会礼品包装纸

设计师：迪亚戈·奥利维拉

作品解读：

联合国儿童基金会希望将出售筹款礼物的时间改为一整年而不仅仅是在圣诞节，借此来增加捐款。筹款礼物是联合国儿童基金会在全球范围内提供的救生物品。创立联合国儿童基金会的礼品包装纸计划的初衷是预见到了人们在每购买一件礼物的时候都会随之一起购买包装纸。因此希望在人们购买联合国儿童基金会的礼品包装纸时他们会送出一笔用来保护儿童基本权益的捐款。礼品包装纸同样的作为印刷品广告的替代形式而存在，每当人们收到一份用这样包装纸包裹的礼物，就意味着用非媒体的方式将慈善的理念传播了出去。

作品名称："世界上最好的咖啡"咖啡礼品套装

设计师：凯特琳娜·沃伊提科

作品解读：

"世界上最好的咖啡"礼品套装由8种最受欢迎的真空包装咖啡饼构成。独特的包装设计令人自然联想起旅行者的手提箱。简约的包装方案既便于咖啡店中的清晰展示，同时更有利于运输和礼物的收集。除此之外，设计师还巧妙地将咖啡产地的代表性民族与文化图案应用到套装的包装和咖啡包装设计中。匠心独运的粘贴上绘制的生动的民族形象将系列和口味的咖啡进行鲜明的区分。

（四）茶、饮料包装设计

中国自古就有饮茶的传统，因此，在中国古代就有茶的包装，而且包装形式传统而丰富，多手工制作的包装，现代部分茶包装设计也依旧效仿这种形式。随着各类花茶的出现，茶包装也更加现代化与生活化。同时，随着当下的生活方式的改变，饮料的销量在不断攀升，而饮料的包装在某种程度上引导了消费者的选择。本节介绍了现代饮料包装及茶的包装，包括部分中国古代手工制作的茶的包装形式。从形式到功能方面对茶、饮料的包装进行了系统的介绍。

作品名称：Charlie's Quenchers "查理的" 冷饮

设计师：宝拉·巴尼

作品解读：

"查理的" 老式冷饮一直是冷饮爱好者的最爱。Brother 设计公司为其开发了全新的标签，以体现 "查理的" 冷饮实在而优良的市场定位。每个标签都是以手绘文字围绕着产品的标识展开的一件手工艺术品，而 "查理的" 商标则被放置在一个柠檬里（柠檬是所有冷饮的基本原料）。

作品名称：Milk，Man 牛奶与送奶工

设计师：本·斯蒂文斯

作品解读：

"牛奶与送奶工"品牌反映了在老年送奶工身上体现出的经典品质和亲切，但通过一种现代的方式进行了一种重新解读。改变后的包装更加便于携带。

作品名称：T'day's 饮茶日

设计师：桑德·杰克逊·希斯沃乔

作品解读：

　　大多数茶叶爱好者每天都有饮茶的习惯。那么让茶叶来告诉你日期怎么样呢？"饮茶日"是一个独特的日历设计。每个茶包都被定制成一年中的一天，独立包装在一个木质小盒（外形类似于烟盒）里。这种包装在提醒消费者每天喝一包茶的同时也促进商品的销量。

作品名称：Teatul 茶图尔

设计师：帕弗拉·丘吉纳、安娜·莫森克

作品解读：

　　该品牌专为城市居民设计。喧嚣和高速是城市生活必不可少的一部分。停下来，品茶吧！品尝新鲜的茶能让你在城市中体验自然。该包装以色彩区分茶品种类，使消费者可以简单清晰地选购自己需要的口味。

作品名称：Tusso Coffee Concept-Coffee&Chocolate Tastes 图索咖啡
——咖啡&巧克力饮品

作品解读：

产品的目标受众是高品质咖啡/巧克力饮品的爱好者，所以客户对包装的要求是简洁、独特的优质美学和产品品质。"轻松区分"的独特概念让产品脱颖而出。他们在严肃的黑色包装上添加了一些极富个性、不符常规的照片，以此来突出在统一而单调的环境中的特殊性。橙色和紫色的运用既大胆又美观。

作品名称：ZAIT FARM 赛特农场

设计师：埃亚勒·鲍默特

作品解读：

塞特农场是一家位于以色列的阿隆哈加利尔地区的有机乳业精品店。该包装简单的灰色文字背景，使得蓝色的商标文字更加突出。

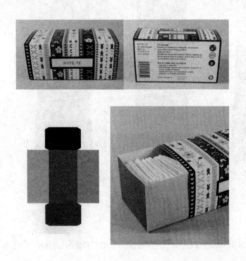

作品名称：茶叶盒

设计师：卡特琳·奥斯特古伦

作品解读：

由卡特琳·奥斯特古伦设计的全新复古造型的玫瑰果茶包装，轻易地就从众多的茶叶包装中脱颖而出，抓住顾客的眼球。独特的开启方式，也使得这款包装更加出色，从而区别于其他的品牌。

作品名称：木质"菱角湾茶"提箱

朝代：清光绪

规格：长 28 厘米、宽 11 厘米、高 22 厘米

故宫博物院藏

　　"菱角湾茶"提箱，长方形，木质，内贴黄纸，外裱黄绫。箱正面设前脸抽拉盖，盖面中心部位贴黄纸条，上书"菱角湾茶"。箱内附黄绫面挡板，挡板正面有布提柄，背面依包装物尺寸挖两槽，周边托衬软棉垫，并用黄绸包面。箱内再设凹槽，内放置两银瓶"菱角湾茶"。箱顶部设木提梁。"菱角湾茶"以其上乘的茶质及稀少的入贡量，而属清宫贡茶中的极品，因而在包装上尤为注重茶品的安全、美观。箱内岁包装物形体挖槽，将茶品卧在其中，外加有凹槽的挡板，再经前脸抽拉盖的挤压，重重呵护，有效的包装保护了茶品万无一失。"菱角湾茶"提箱，由内到外映入眼帘的是明黄色，表明为皇家独享之物，而提箱内部结构设计多为贡茶包装所采用。

作品名称：箬竹叶普洱茶团五子包

朝代：清光绪

规格：长50厘米、直径15厘米

故宫博物院藏

"普洱茶包"是以硕大的箬竹叶将五个小型茶团包裹而成，在紧邻的茶团之间，细绳相系，以界开上下茶团，使之不相互碰撞。清代，云南多将普洱茶加工成树根、饼、团形，并依不同的茶形而巧妙包装。此茶包即是将5个小型茶团，以串状形式用箬竹叶统一包装，团与团之间，用竹篾缠紧捆扎，使5个茶团松散的结构得以紧固，由球形接触变成柱状结构，从而形成串状整体，便于长途运输。普洱茶团五子包，由于在包装技法上处理得当，使外观直线中增添了曲线，给人以动感之美。箬竹叶纤维细密能防湿，用于茶包装，既经济又耐用。现在云南仍沿用五子茶包的包装方法。

作品名称：竹编茶包

茶属中国，酒属欧洲。这里可以发现，茶叶的采摘和加工者力求将这种珍贵的植物叶包装得尽善尽美。上等茶被视为珍品而与首饰相提并论。

作品名称：Natural Tea 自然茶

设计师：里斯卡·托依法尼·克里斯曼托

作品解读：

本身包含三种规格的茶叶包装。从初级包装到次级包装所使用的所有材料均为 99%环保材料。初级包装由有机麻布袋制成，确保了散装茶叶的干燥，而次级包装则由回收再利用纸板和纸制成，突出了环保和可持续性特征。包装盒的设计以用户为本，便于使用者打开和再次使用。

（五）食品包装设计

食品包装设计已不再是要求包装装潢华丽耀眼，在琳琅满目的超市货架上瞬间吸引住消费者的眼球那么简单。随着现代人知识水平的提高，他们更期待的是产品被赋予的某种文化和某种精神。在过去，食品包装设计多重视包装造型的设计、包装装潢的绚丽、食欲和食品卫生的表现。而如今把人类的精神诉求融入到食品包装设计中已经是当代的趋势。本小节对现代食品包装设计的介绍，是从客观包装形象到主观精神表达层面来阐释现代食品包装设计的现状与趋势。

作品名称："BABEES"蜂蜜

设计师：卡米勒·耶尔科夫斯基、马格达莱娜·凯莉克

作品解读：

在本案中，这一概念非常简单而且直接。我们需要做的就是让包装设计变成爱好。概念和最终的设计作品虽然简单，但整个过程并不容易。使用蜜蜂脸代表口味，但整个项目却有点超负荷，于是手提袋也采用了简化的设计，简化到几乎只剩文字了。采用手绘文字来表现品牌标志，为的是柔化简单的、几何化的形式。也与暖色的蜂蜜色形成对比，蓝绿色的手提袋使整个设计看起来更丰富。

作品名称：Catalina Fernandez 卡特琳娜·费尔南德斯甜品店

作品解读：

本项目是为一家位于墨西哥圣佩德罗市的精品甜品店所提供的包装设计。为了使品牌形象更加统一，食品包装设计及店面设计采用干净简洁的白色使品牌形象更加突出其高端的品质。

作品名称：Filip.Cat Food Brand 菲利普猫粮

设计师：普莱兹米克·瓦斯雷斯基

作品解读：

菲利普是一个假象的猫粮品牌，是 Unikat Creative 设计公司在业余时间进行的设计。设计包含标识字体、卡通形象、包装和简单的产品网站布局。

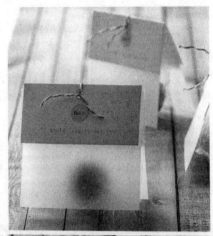

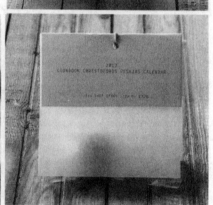

作品名称：I Would Like Eat You　我要吃了你

设计师：安妮斯蒂斯·米哈里斯、卡特琳娜·利库莱斯、玛利亚·斯塔马蒂欧、拉姆布罗斯·门托斯

作品解读：

"我要吃了你"项目是为厄尔姆 112a 概念店特别定制的甜品包装。By 100%设计公司与希腊著名主厨克里斯托弗罗斯·佩斯齐亚合作，让他制作包装内的甜品。该甜品主要用于雅典的圣诞节预热派对。

作品名称：Mighty Rice White and Brown 白粽魔力米

作品解读：

　　产品优越的品质，精致的特色和卓越的原产地的体现是客户的要求。折中主义消费者是产品的目标。设计的目标是迎合海外消费者的需求。设计方案由一系列往来于希腊和毛里求斯的电子邮箱和网络电话开始，设计师逐渐吸收了产品的生产和市场定位信息，综合了品味、象征和图形融入了设计框架之中。米作为岛国和谷物的基础，都以透明、动感、优雅的黑白双色包装设计清晰地展示在人们面前。

作品名称：Müd 慕德甜品咖啡店

设计师：马拉·罗德里格斯、碧翠丝·梅尼斯

作品解读：

　　项目目标是为一家无乳糖甜品咖啡店提供早餐外带包装设计。外带商品有两种包装：一种盛装咖啡和饼干获长条蛋糕，另一种较大的盛装科菲和松糕或甜甜圈。包装配有两种贴纸，一种贴纸表明了包装内部的商品，另一种则写有心情文字。设计师利用现代图形风格来宣传无乳糖产品，并以其吸引更广泛的消费者。

作品名称：Proper Baked Beans 普罗珀焗油豆

设计师：亚当·贾尔斯

作品解读：

　　普罗珀公司的目标是重塑焗豆产品作为顶级餐饮美食地位。设计师需要通过品牌和包装设计来颠覆焗豆的传统。很明显，产品十分特殊：美味的焗豆从冷柜中新鲜上市，这正是设计师所想体现的。品牌创始人的故事以及对产品的热情为设计带来了灵感，也为该品牌的形象奠定了基础。整体包装奇特而充满英伦气息，充分体现了品牌的个性。

作品名称：Rubén Álvarez 鲁本·阿尔瓦雷斯巧克力

作品解读：

项目是巧克力艺术家鲁本·阿尔瓦莱斯的最新产品的包装设计。该包装采用了可重复利用的包装材质，采用传统封装工艺，突出其天然品质。

作品名称：Smucker's® Orchard's Finest™ Preserves 盛美家果园精致果酱

设计师：朱莉·韦恩斯基、路易斯·伊萨吉雷

作品解读：

该产品所提供的顶级果酱制品将竞争对手定位于欧美果酱品牌。包装设计所面临的挑战是懂得欣赏美食的消费者：盛美家的高品质配料能满足他们对美味和简单配方的要求。罐装设计精致简洁，让盛美家果园精致果酱在同类产品中脱颖而出。

作品名称：Sola Bee Farms Honey 太阳蜂蜜农场牌蜂蜜

设计师：安·乔丹、沙尔多尔·基里、让·伯尼、凯特·埃尔比斯利

作品解读：

　　商品的名称暗示着太阳能，标识选择了充满活力的树叶和蜂巢图案，而标签则呈现为条纹面部图案——这些都彰显了这家蜂蜜制造商对小型家庭农场和可持续生产的关注。蜂蜜包装引用了大胆的黑白标签作为蜂蜜蜂群的象征，蜜蜂是唯一一种集体建巢的蜂类。商品的网站利用地形线、本地地图和大胆的摄影图片来呈现太阳蜂蜜农场的蜂蜜生产方式。

作品名称：比特情人节巧克力

设计师：马内斯托尔·塞尔沃沙

作品解读：

该项目是设计师内斯托尔·塞尔沃沙专为其附近的"La Clásica"（在西班牙语中寓意"经典"）糕点店而设计的品牌包装方案。考虑到西班牙的情人节大多受年轻群体（10~40 岁）的欢迎，因此，设计师内斯托尔·塞尔沃沙利用方形巧克力精心塑造了一个复古的心形巧克力形象，生动地模拟出一个心形形状，从而使其与这一糕点店的店名相得益彰，并唤起顾客对昔日美好时光的回忆。

作品名称：草绳包装的腌菜缸

在古代，人们就用草绳捆扎包装大件物品。绳子的编制和捆法组成全面保护的包装，同时可以透视到内装物，以免发生盲目碰撞。这个腌菜缸是在内蒙古的清水河发现的。

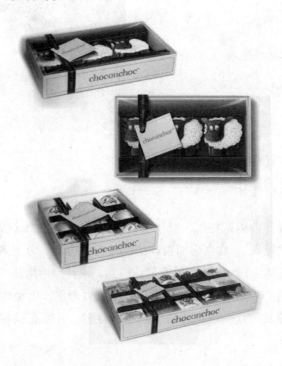

作品名称："巧克力中的巧克力"

设计师：萨曼莎·司博恩，维多利亚·司多特

作品解读：

更名之后的"巧克力中的巧克力"品牌凭借他们独特的设计工艺为顾客打造了独一无二的巧克力。该公司委托品牌作品设计工作室为其重新打造一个包装方案，更为精致的包装体现他们产品的纯手工艺性，完美地彰显出巧克力的手工艺性和优秀品质，每个包装盒上还精心设置了一个亲手系的缎带和礼物标签。包装所流露出的奢华之感有效地强化了产品背后的"馈赠"热情。除此之外，包装的品牌字体与边缘的装订效果也充分地体现了该品牌的手工艺性特征。

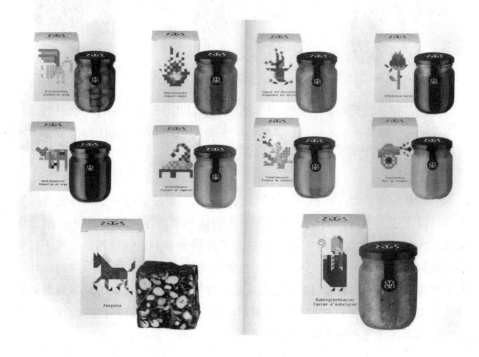

作品名称：为安德烈亚斯·卡米纳达和 GLOBUS 公司设计的食品包装

设计师：雷莫·卡米纳达、多纳特·卡迪夫（Donat Caduff）、迈克尔·哈恩（Michael Häne）

作品解读：

战马和玫瑰，公主和骑士，龙和火炮——现在要通过包装告诉你它背后的故事。现在这个项目是安德烈亚斯·卡米纳达和全球连锁商店 Globus 的合作项目。2008 年，19 款精致的系列食品需要使用卡米纳达的原料。包装不仅要描绘品牌形象而且要创造品牌舞台。主厨的创新性和烹饪能力给我的设计带来了很多启发。用横跨了 19 世纪的产品、符号、图形和文字组成常规形式的设计方案吸引儿童。这就是最终的符号系统。经过了深思熟虑的设计概念是的绍恩施泰因城堡的标识系统得以延展。

作品名称：真实的朗姆酒

设计师：杰勒德·克莱姆

作品解读：

为真实的朗姆酒公司设计的概念与礼品包装。这款包装的设计目标是宣传真实的朗姆酒公司密不透风的品质。包装中装着的是由巧克力艺术家雷蒙·莫拉图设计的纽扣形状的巧克力和加勒比朗姆酒。

（六）美容化妆品包装设计

美容化妆品如今已不单单是奢侈品，而已成为时尚消费品，成为女性的必备品。随着女性生活要求的提高，美容化妆品包装设计也不只是商品包装设计，而更多的是传达品牌文化及产品精神。当然，某些高档次的化妆品非常注重其外观设计，因为其受众是一些消费水平和生活追求较高的女性，其包装的优劣直接决定了销售业绩。本节以"GREEN & SPRING"和 SCENT STORIES 为例来介绍美容化妆品包装设计。

作品名称："GREEN & SPRING"香薰及护肤品

设计师：Pearlfisher 设计公司

作品解读：

这是为零售商设计的一个新的奢侈品系列包装。

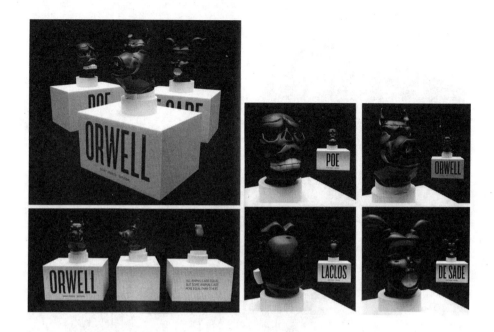

作品名称："SCENT STORIES"概念香水包装设计

设计师：卡米勒·耶尔科夫斯基、马格达莱娜·凯莉克

作品解读：

Scent Stories 概念香水包装设计中，我们把为男士设计香水视为一种挑战。开始时，我们将焦点放在香水本身。受到暗黑文化和强硬派任务的影响，我们试图表现男性的阴暗面，命名上也以知名作家为主。我们设计的香水瓶即与传统香水瓶类似，又与经典的墨水瓶相像。我们设计了白色的瓶子和黑色的字体，盖子则采用经典作品的人物头像。

（七）礼品包装设计

礼品包装设计重在"礼"字的体现，人们以"礼"传"情"，其包装既要注重馈赠者的情义，又要注重受赠者的喜好。而节日礼品的针对性很强，设计者既需要对该节日文化有充分的了解和研究，又要明白受赠者的喜好及特征。因此，礼品包装设计对外观设计、包装造型设计、情感诉求的寄托等要求甚高。为了表达自己的心意，更多人会选择手工制作礼品，既精致又能传递情谊。本节就企业礼品、节日礼品、个人馈赠礼品等进行介绍，表现礼品包装设计的基本特征。

作品名称:"福禄寿喜"赐喜印章杯组

设计师:何文、谢孟吟

作品解读:

　　包装上运用窗花图案及篆字型作为视觉主轴。福禄寿喜表里意味深长,被寄予了美好的愿望,呈现了丰富的传统文化内涵。视觉设计以四个不同代表"福禄寿喜"的红色窗图案为主,象征喜气。盒内衬垫将茶杯倒置,呈现茶杯最重要的特色——杯底篆刻。利用上下盒盖用红绳从中间串起,将四个盒子套住,外观呈现具有中国风味的灯笼造型,在视觉上达到了一致。设计是利用正反两面不同的印刷,将单一盒子可以呈现两种不同的设计图案,同时包装可以再利用,杯子取出使用后,盒身可变成年节新春迎宾的糖果盒,充满喜气,美观大方。

作品名称：2012 Grpcom 通讯簿礼盒

设计师：拉斐尔·罗德里格斯·德希尔瓦

作品解读：

　　每年通讯集团 Grpcom 公司豆花送给他的顾客一本独家定制的笔记本作为礼物。2012 年的笔记本主题是"每一天的态度"，倡议在日常每天中都可以通过积极的态度而让事情变得更好。礼盒中同时还包含了一张日历。

作品名称："JAWS LOSER"公仔

设计师：马克·兰德韦尔、斯文·瓦施克

作品解读：

这是失败者形象的"noop"公仔。这套高档的限量套装重现了"noop"公仔的生命循环周期。

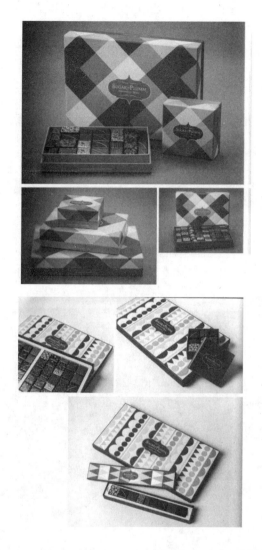

作品名称：Sugar and Plumm，Purveyors of Yumm 糖与布拉姆——怪物糖果店

设计师：拉里 •马约尔加、尼尔•麦克莱恩

作品解读：

整体形象设计包括巧克力包装、零售包装、店铺标识以及广告设计。设计通过特别设计的字体、斑斓的品牌色彩、混搭图案以及有趣的文本消息反映了品牌广泛的受众。各种元素被混合起来，虽然略显古怪和大胆，但是不失精致和高端。

作品名称：Vosges Haut-Chocolate Baking Mixes & Holiday Collection
孚日奥巧克力烘焙组合及节日礼盒

设计师：吉姆·克诺尔

作品解读：

该设计是为孚日奥巧克力的全新奢侈烘焙组合和限量版节日礼盒所提供的包装设计。烘焙组合有五种组合，每种组合都有一种独特的餐具特色。节日礼盒包含六种独立礼盒设计以及节日浮雕巧克力套装。每个浮雕巧克力的图案都采用了全新的模具。

作品名称：阿芝台克礼品包装套装

设计师：雅各布·克瑞斯威尔·罗斯特，弗雷娅·哈

作品解读：

这款颜色鲜艳的包装套装内含有一张对比鲜明的阿芝台克风格印花和优质包装纸。这款包装同时还附有可回收的环保礼物标签，信封和天然的椰树丝带。这是一款将会使任何的礼物看起来和感觉上都非同一般的包装纸。

作品名称：“布拉奇·菲尼·萨普尼”公司礼品包装

设计师：凯利·桑顿

作品解读：

凯利·桑顿在设计这款为圣诞节准备的小型糖霜包装时考虑到它们的易碎性，因此在盒顶设计了雪花形状作为保护。在设计的过程中遵循了再利用理念和保存便捷，故使用了竹制的盒子。激光切割的设计也可使其作为受礼者家中的圣诞装饰物，更加突出了环保的理念。在不影响设计包装本身美感的同时，也在不断地寻找能够将浪费降至最低的方式。

作品名称：礼品包装

设计师：伊莉斯·卡布瑞，苏菲·卡坦，梅根·麦克尼尔，艾拉·施瓦兹，莱尼苏摩尔。尤兰达·查瑞斯

作品解读：

这一设计由雨滴组合设计和完成印刷，目的是筹集他们毕业演出所需的资金。这款富有个性又独一无二的包装系列由手工印刷制成，使用了他们大学打印室里用剩下的油墨。这一礼品包装包含四张包装纸，每张的尺寸为594毫米×841毫米。

作品名称：情人节礼盒

设计师：蒂安娜·阿维拉

作品解读：

这款设计概念社为了制造一件与情人节相关的物品或是包装。设计师设计了一款感性的情人节礼物。这款礼盒里包含一个小册子和干花，收到这款礼盒的人可以将干花种到他们的花园里。干花里面有花朵的种子，这象征着鼓励生长和展望未来。赠送花朵的种子是一种简单的姿态，象征着你希望与你爱的人一起共度未来。包装配上手工针脚与自制的做工，无论你将它送给谁，都能够带给受礼者一份独特的、个性化的感觉。

作品名称：圣诞老人（送给李斯德设计工作室客户的圣诞礼物）

设计师：飞利浦·杜比克

作品解读：

2010 年圣诞节，知名的魁北克时尚之王飞利浦·杜比克为李斯德设计工作室客户独家设计了一款围巾。这款圣诞老人礼品包装设计满足了以下两个目标：表达圣诞的愉悦和凸显围巾本身，保持包装的轻便。这款设计概念在专注于围巾设计本身的同时，更特别的是拉链也是圣诞老人的嘴。同时，拉开拉链后露出的圣诞老人的牙齿并不是和包装一体的，进而增加了受礼人拆礼物时的乐趣。最后附上的问候卡片，以插画的形式展示了三种围巾的佩戴方法。

作品名称："五行元宝"凤梨饼

设计师：陈锋川

作品解读：

这款极具创新性的年节礼盒绝不仅仅是一个装有美食的盒子。设计灵感来自于中国古老的占星术以及五行元素，同时每个颜色也象征一种生肖：金象征鸡，木象征犬，水象征猪，火象征羊，土象征牛。另外，这款包装在设计上也较为多功能化。包装设计的概念采用了传统的中国剪纸图绘，五行意义的盒盖也可成为新年时桌上的展示品，寓意多财多福。外盒包装的五个角可以剪下来成为五畜祝福书签，象征着一整年的好运相伴。

九、包装设计教学实践

（一）获奖作品

本小节收录作品皆是我专业学生参加中国绿色包装与安全设计创意大赛、中国包装创意设计大赛以及广东之星创意与设计大赛的参赛及获奖作品。其中，中国绿色包装与安全设计创意大赛以当代社会对绿色环保包装设计的现实要求为出发点，以"倡导绿色包装理念、培养绿色设计人才、衍生绿色包装产品、营造绿色环保家园"为宗旨，寻找改变人类生活方式的绿色、环保、安全的包装设计。由中国包装联合会主办的中国包装创意设计大赛是中国包装界权威赛事，亦是当前中国包装行业、包装教育界、视觉平面设计教育界备受瞩目，并重要参与的专业竞赛活动。广东之星创意与设计大赛则为参加者提供一个极具影响力的平台，是提高企业知名度、创意设计人形象、取得社会及行业认可、对接产业链和交易市场，增加销量，扩大合作机会，与奖项一起共享传播推广和渠道网络，是知识产权、版权交易和保护的绝佳机会。

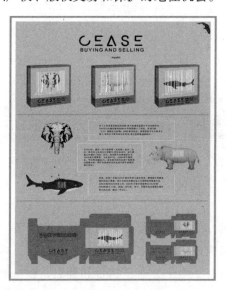

作品名称："CEASE"保护动物系列化包装
作者：俞月新

设计说明：

英文 cease，中文译为停止，buying and selling 为买卖，表达着我们要停止动物的贸易伤害。该设计所要表达的是保护动物，条形码则列举了被害方式。该设计采用直观的表达手法，把动物所遭受的不幸展现了出来。

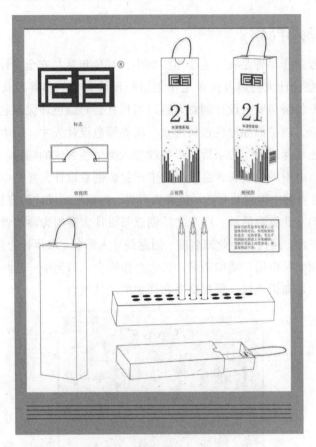

作品名称："尼百"彩铅环保包装设计

作者：朱新凤

设计说明：

材料使用厚纸板，而纸板能很好地通过微生物降解。做成抽屉式笔盒，外包装为管式纸盒结构，盒底盒盖为摇盖插入式结构。内包装为盘式纸盒结构。抽屉式的笔盒带有小绳子，易于携带和开启，镂空的圆孔设计禾材料的选择利于摆放。包装的颜色主要用彩铅的颜色作为装潢的颜色，简单明了，使消费者更直观地知道存在色，还留有了橡皮擦的空间。

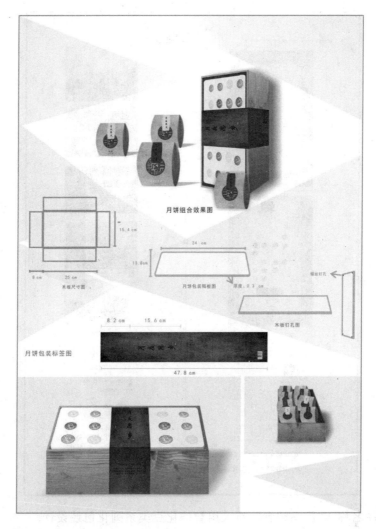

月饼组合效果图

本框尺寸图

月饼包装隔板图

月饼包装标签图

木板钉孔图

作品名称："月夜思乡"月饼包装

作者：陈澜　　邱章平

设计说明：

月饼象征着团圆，是中秋佳节必食之品。本品牌命名为"月夜思乡"，其含义既表达了游子思家之情，也是本品牌的 logo。在月饼包装整体以简洁朴素的风格来呈现中国中秋的传统习俗，主要以木质与纸质材料作为主体包装设计，颜色则为材料本身颜色。以中国元素的图案风格作为点缀，既体现了环保，也表达出中秋佳节渴望与亲人朋友团聚之情感。

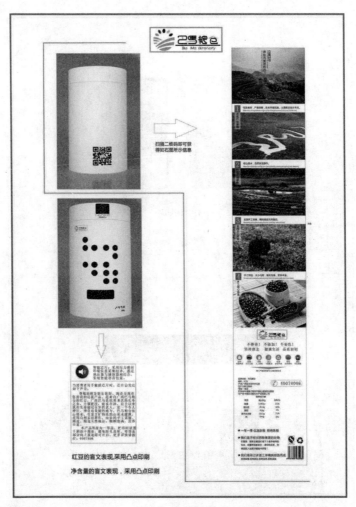

作品名称："巴马粮仓"盲人用智能化豆类系列化包装设计

作者：宋雨婷

设计说明：

　　本套包装系列是专门为盲人设计的豆类智能语音包装，目的是可以使盲人自主区分豆类和独立获取产品信息。本设计系列采用压力感应的智能语音包装设计，当消费者触摸到包装时，内置的语音芯片就会详细地向消费者介绍包装内产品的信息。并且封面所有的字体都选用凸印，且用盲文书写。在包装开启方式上，选用圆柱形纸筒结构的包装，向上拔起即可开启，简洁的装潢设计满足了盲人的需求。

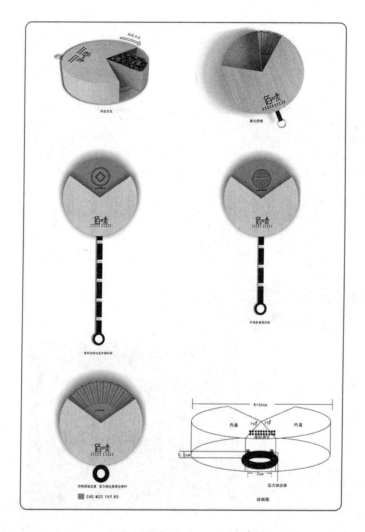

作品名称："佰味"中药材包装设计

作者：袁丹

设计说明：

　　针对老年人设计的无障碍中药包装，利用卷尺原理与压力感应器结合的原理形成时间的可视化设计。卷尺的设计设定的时间，继而感应器报时从根本上解决了定时问题。图案简约且中国化，字体简洁大方便于老年人阅读符合中药为中国特有文化的属性。圆形包装盒特征只需戳动一边便可开启的便捷开启方式刚好符合了老年的需求。

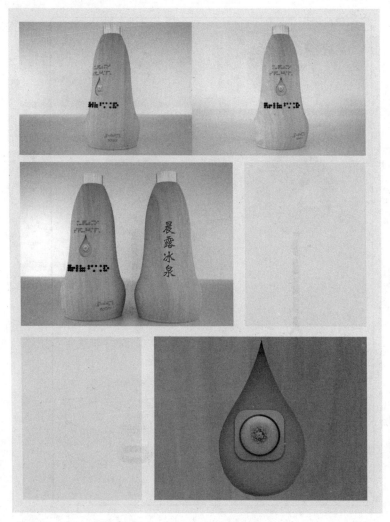

作品名称："晨露冰泉"纯净水无障碍概念包装

作者：李守成

设计说明：

　　本设计是一个无障碍概念包装设计，瓶身是通过对木质材料进行切割、雕刻、打磨、掏空与涂料完成，打破传统的设计观念。正面是以盲文作为装饰图形，在方便盲人识别的同时，又显得整个瓶身简洁明朗。盲人可接触语音按钮获得语音信息正常人可通过语音信息按钮与二维码获取。凹槽式按钮，方便盲人的同时又起了装饰作用。整个设计不存在印刷工艺，用凹凸的雕纹工艺为消费者阐述产品。

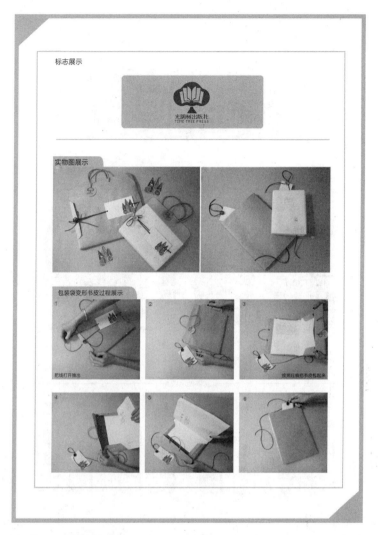

作品名称:"光阴树"绿色环保包装袋

作者:高婧南、劳永晔

设计说明:

　　这款关于艺术、设计类书籍保护的绿色环保包装袋响应了环保包装理念,它的优处在于这不仅是一款装放书籍的购物袋,还是一款通过简单的拆解折叠就可变形为保护书籍的书皮,还可以循环使用。材料选择牛皮纸和硫酸纸,加上麻绳、线绳以固定和装饰,简单折叠纸张就可成为袋子或书皮,拆解出来的小卡片和线绳也可作为书签,无需粘贴,更加环保。

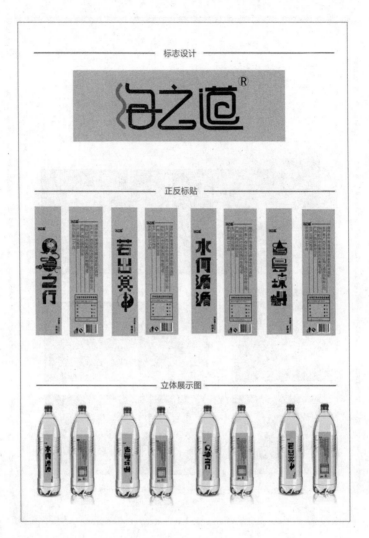

作品名称:"海之道"饮用水系列包装设计

作者:王一迪

设计说明:

本产品的包装设计选用"海之道"来作为产品名,在名字创意上不仅贴合整体包装设计风格,能够给饮用者一种纯净自然的感觉。瓶身包装采用诗词与图形相结合,内容与标准"海之道"呼应,体现了产品带来的文化感与传统时代感,图形与线条搭配,在这一黑一白突出饮用水产品品质的同时,烘托出产品丰富的历史文化底蕴。

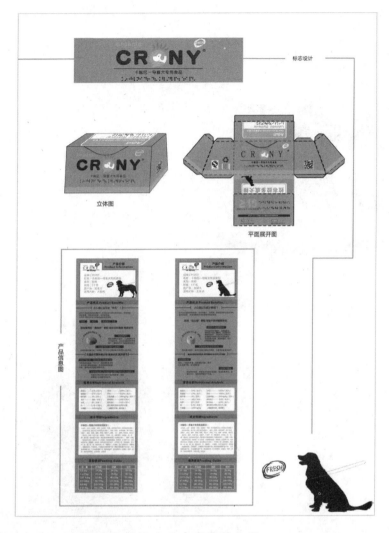

作品名称："好朋友"牌导盲犬专用狗粮包装

作者：宋雨婷

设计说明：

本系列包装设计是针对狗狗中的一种工作犬——导盲犬狗粮而专门设计的。设计了两款盒型，基本盒型和梯形，便于运输和存储。两款包装盒均采用相同的环保型材料和颜色。在说明信息的内容中添加了盲文，是为盲人群体所考量，使得盲人群体能够独立自主地完成购物。此套系列包装设计致力于为导盲犬提供特制的狗粮保障而设计。

作品名称："家厨师"酱油容器概念设计

作者：谭程允

设计说明：

家厨师酱油容器设计是一款概念设计。其设计宗旨是节约资源。瓶型由生活中普通酱油瓶颈的直线改为曲线型。由原来的利用惯性设计改为逆惯性设计。可以利用酱油的使用难度来解决直线瓶型容易造成浪费的现象发生。瓶子的正面有一个指导使用者正确手握瓶子的导向作用。提醒人们合理利用资源。

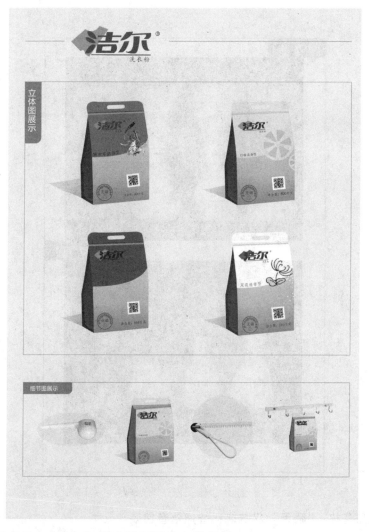

作品名称:"洁尔"洗衣粉系列化包装设计

作者:覃玉娇

设计说明:

标志主要以两颜色结合搭配,稳重中带着时尚。在造型上,通过衣服的改造加上字体设计完美的结合,其独特的造型能够吸人眼球。设计理念:包装材料主要用防水的纸质,既新颖又环保且开口主要以拉链的形式,方便各类人群的打开和使用,以及存放,同时也降低了成本,内包装中送有勺子,避免了洗衣粉的浪费也可以悬挂,方便又省事。

作品名称:"晴天"双味饮料智能语音包装

作者: 黄梅

设计说明:

标志设计:"晴天"。象征阳光、美好的事物。"晴天"双味饮料智能语音包装设计, 结构独特, 具有节省空间和材料等优点。以沙漏的造型设计体现了健康的生活理念。此包装设计是两个盖子合成一个整体, 即双向盖。打开一个瓶子后, 另一个瓶子还可以单独成为一件物品, 同时它也是一款智能语音包装, 语音芯片与语音按钮同时设计在瓶盖的中间空余部分。双味同时选择, 一件商品两种饮料口味, 还方便情侣购买或者尝试不同口味。

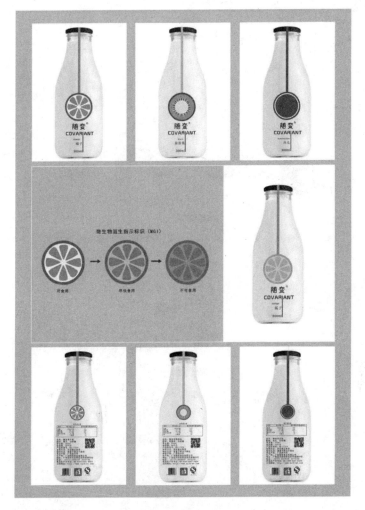

作品名称："随变"果汁饮料智能化包装

作者：黄华美

设计说明：

本设计瓶口处使用一次性标签，具有被破坏不可复原性，保证质量安全。在瓶身处附上"微生物滋生指示标识（MGI）"智能标签，对液体质量检验时的监控，能够让消费者对产品质量状况一目了然。当液体发生质变时，"微生物滋生指示标识（MGI）"智能标签就会起到提醒作用。微生物指示标识会根据液体微生物滋生程度，智能标签会由鲜亮的颜色变成灰暗的颜色，达到提醒该液体应尽快饮用或停止饮用目的。

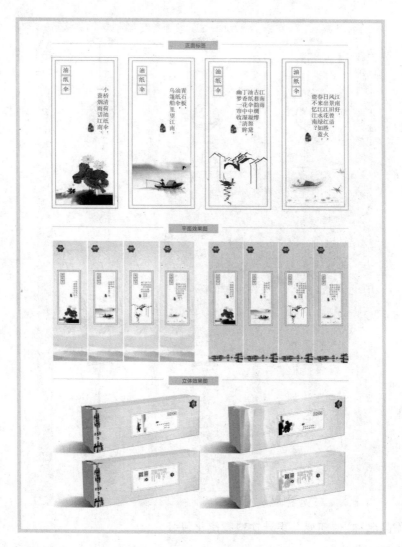

作品名称:"竹乐"油纸伞系列包装设计

作者:贾晓丹

设计说明:

标志图形运用了山、水、隶书繁体的伞字、人字以及屋脊轮廓的主要形象特点。利用山水诠释了产品用途。标志外部形状的设计说明了该包装的针对性。此款油纸伞的包装分为两种,一种为竹韵,一种为书法。更直观地向人们展示中国传统的油纸伞文化。包装的标签外轮廓与标签内的产品名均采用了中国书法字帖元素进行设计。

作品名称："冰和世纪"矿泉水

作者：秦克武

设计说明：

该组设计的是一款矿泉水瓶设计，受到全球气候变暖冰川融化的启示，把冰川融化的景象运用到矿泉水瓶的设计中，使得设计自然且更加人性化。通过把自然环境与产品结合起来的构思，让更多的人关注环境。标签采用纸张，环保、易降解，而且纸质标签给人一种不同的手感，设计中的利用，达到了一种可持续发展的包装设计理念。

作品名称："草千味"草本润喉系列包装设计

作者：劳永晔

设计说明：

　　标志整体结构是稳重的圆形，体现圆满古典。灰红色结合窗格化身为一个圆形的印章。字体纤细简约，配合图形的整体风格。装潢图案主要为剪纸的京剧人物形象。作为国粹，唱腔是京剧的魅力所在，故引元素作为润喉产品的装饰。装潢图案主要色彩为灰红色与灰绿色两个主色调，美观大方。

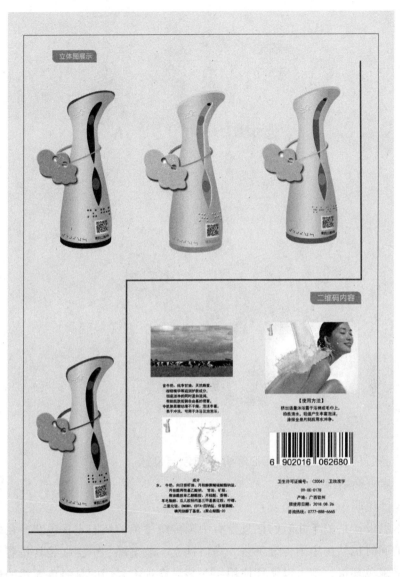

作品名称：“云朵”盲人无障碍沐浴露系列化包装

作者：梁敏

设计说明：

让盲人朋友在识别、购买和使用上都能简单无障碍。直接在瓶身上印刷盲文，减少其他的装饰，并把盲人最关注的信息用盲文标注在上面。二维码的使用则是方便普通大众了解产品信息。

作品名称："致光阴"怀旧零食系列包装设计

作者：高婧南

设计说明：

　　本组设计是关于儿时回忆且带有中国传统特色的怀旧零食包装，在勾起回忆的同时也弘扬中国传统工艺。马口铁盒、玻璃罐、牛皮纸袋具备着怀旧色彩又绿色环保，都可以循环使用，在装潢设计上采用的是绿色天然的环保纸附于铁盒、纸袋、罐子上，当拆开纸贴翻过来背面会发现有怀旧时代贴画（可按照虚线一一拆开）。主图运用了四副儿时场景速写，在副图上放上制作所包装零食的传统方法。

　　标志从外表看是一辆单车，车轱辘是一个时钟，时针指着1980，组合起来表示的意义就是带你回到1980。品牌名"致光阴"其含义也是致我们那逝去的光阴，纪念过去。

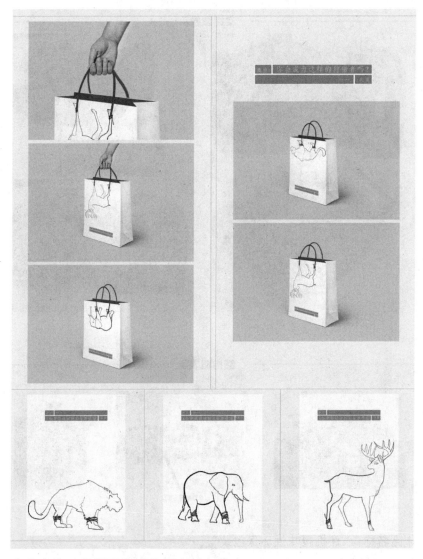

作品名称：保护野生动物概念性包装

作者：黄华美　杨恩初

设计说明：

　　该组包装是对保护野生动物的概念性包装设计，选择了具有代表性的麋鹿、老虎、大象这三种动物，通过对动物倒置的方法，当消费者使用手提袋时，从视觉着手，引人深思，也增强了人们对野生动物买卖导致伤害的意识，减少人类对非法野生动物制品的消费需求达到了本次设计的最终目的。

结构图展示

包装打开插舌   包装展开图   包装背面展示

作品名称："耳机趣味性环保包装"

作者：冷星星

设计说明：

包装通过牛皮纸折叠裁切，将耳机通过本身结构与牛皮纸裁切部分结合固定而成。包装开口采用插入式，所裁切的牛皮纸经过折叠将插舌插入，包装采用牛皮纸等环保材料，遵循了可持续发展的理念，包装通过简易简笔画与耳塞结合突显出包装的趣味性，便于携带，也可通过不同的创作手法进行绘画创作，创作随意性强。

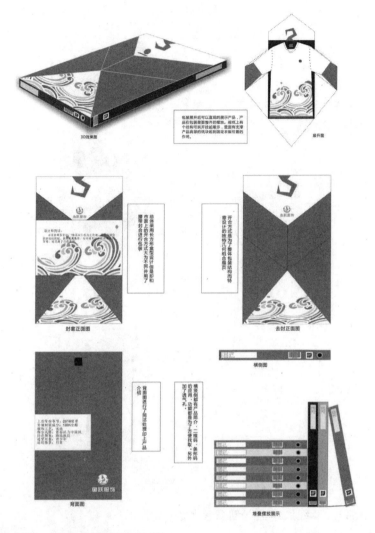

作品名称：服装折叠概念包装

作者：徐文

设计说明：

该包装可以防止衣物放置而褶皱损坏，体现了公司精益求精、细致入微的理念。设计思路来源于服装的折叠方法，用硬纸板依照折叠步骤来做出相对应的外骨骼，方便商家运送、储存配货和循环利用，更加人性化和实用性，也遵循了绿色环保设计理念。新颖酷炫的开箱方式，可边开箱边检查衣物质量和款式（打开页可根据需要另外设计）。

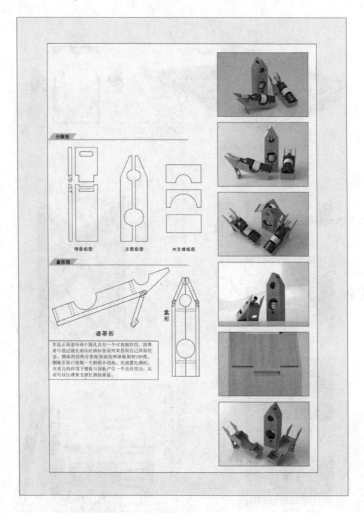

作品名称:"红酒木盒"创意包装设计

作者: 李守成

设计说明:

本作品是一个红酒包装盒与红酒架双用型包装设计, 与传统的红酒包装区别在于它可持续利用。本作品是由对称的两部分组成, 组合是一个提供保护作用的盒形, 避免红酒在运输过程中损坏, 分开则可作为两个酒架。作品正面部分两个圆孔, 消费者可通过圆孔阅读红酒标签说明来获取自己所需信息。侧面的结构可起到了红酒支架的作用。整个盒型通过两个卡扣的安装所产生的相互作用力, 使得红酒在拿取时牢固的贴合。

作品名称：花卉种子概念性包装

作者：杨恩初

设计说明：

本产品是概念性包装，采用新型材料，降解后可以为植物提供养料。包装形状是羽毛形，并且内含营养液，保证种子的萌发，撕开营养液包装的一颗小缺口，让营养液接触种子，种子就可以随时随地入土地中生长。装潢设计重在呼吁人们关注土壤环境，英文字母"Look here，it's hope"与气球结合的形式，表达了对未来的美好向往。

作品名称：坭兴陶茶具包装的再次利用

作者：谢都 唐玲玲

设计说明：

作品包装设计总体思路在于废物回收利用。作品将坭兴陶茶具包装盒做成一个装饰品，在包装盒内放入光源可成为夜间小灯笼。作品外包装可以用生态板、木头制作，盒子的镂空以便透光及装饰，包装盒的开关采用抽拉式减少普通木质盒子制作需要的"合页"。在放茶具的木板上开一个孔底部不需要打穿，填充护具起护理作用，护具的材料环保可应用无污染绿色安全的茶籽油。在整个结构上增加了茶叶盒的加入，为携带节省了空间。

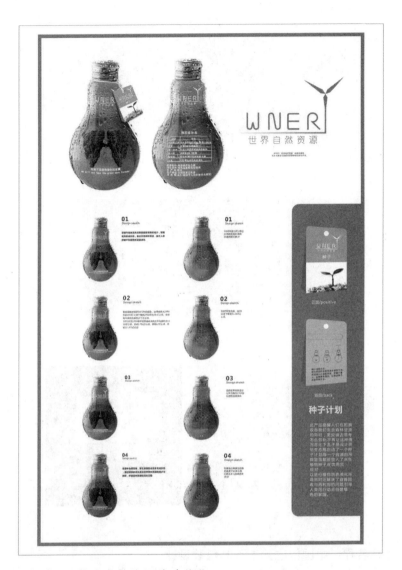

作品名称："世界森林资源生态瓶"

作者：俞月新　何静

设计说明：

本设计中圆形的玻璃容器造型代表地球，两棵繁茂的大树组成的"地球之肺"代表森林资源。容器侧面的刻度尺说明了森林的现状注了时间，瓶中液体减少时瓶子就会有绿变灰。容器背面的营养表会对森林过度使用而警示。该设计始终以森林资源为宗旨。

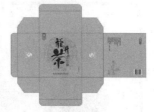

平面展开效果图

平面效果图

平面效果图　　　　　　　　　　　　　　立体效果图

作品名称：中国传统元素茶叶包装设计

作者简介：周柱金　廖铭杰　李琼秀

设计说明：

该设计绿色、环保、无污染和可持续发展。在装潢上运用了传统的中国文化来彰显浓郁的茶文化。在材料上主要运用到坚韧耐水且能承受较大拉力和压力的牛皮纸，里面覆一层镀铝膜的纸包装，一种可再生的绿色环保资源。在结构上，包装主要是罐装式包装、插入式的盒子包装和封口自粘式的包装结构，简单而方便使用，同时节省了原材料。

（二）毕业设计作品

本小节介绍教学实践中学生的毕业设计作品，她汇集了我们包装设计专业所有毕业生的优秀作品，凝结了同学们的所学所知所思所创。她是一种积淀，一份寄托，更是一声号角！这些作品虽然略显稚拙，却饱含了我们蓬勃的艺术激情、旺盛的艺术创造力和丰富的艺术想象力。这里面有着对艺术新形式的尝试，有着对设计理念的个人理解，有着对宇宙精神的反思与拷问，有着对生命激情的感悟。我们的同学将生命中最真挚的情怀，最灵动的火花用艺术语言书写在一幅幅作品中，创造出了源于生活的心灵体验，阐释了我们对美好生活的感知和体会。

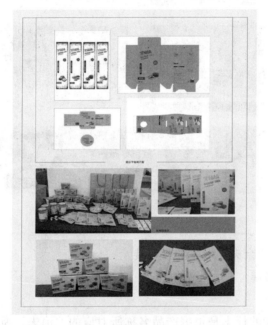

作品名称："笑嗑嗑"坚果系列化包装设计

作者：曾世太

设计说明：

"笑嗑嗑"包装设计主体采用牛皮纸材料，用以还原被包装物的生态特点。LOGO 和包装整体色彩伴随着不同种类的坚果颜色而变化。在装潢上，只采用了坚果图形作为装潢图案，而产品背面，添加了笑嗑嗑 LOGO 及产品品牌的宣传口号。包装结构设计，使用简单盒型：自动锁定（封口），竖式粘合包装，卡位圆锥瓶包装，手提袋盒型和圆柱塑料瓶装。

作品名称:"余夫"海鲜零食包装

作者：高婧南

设计说明：

本包装设计的标志是根据产品名称所对应的"渔夫"所设计的卡通渔夫形象，形象生动可爱。在装潢方面结合北部湾的特色"大海"设计了一组海浪插画，主要颜色运用了蓝色和红色，打破了常规在大海的颜色里渗入红色，增加了包装丰富性，因为产品是零食，加入红色也增加了其食欲。画面配合海浪还有海鲜的简笔画图案，却不随波逐流大面积运用海鲜图案，让它和普遍的海鲜零食包装有所不同，有所创新。本设计还选用了木盒来体现包装的高档性，木盒内有一艘帆船用线捆绑着海鲜包装，让人一打开会有一种意想不到的惊喜，也会感觉是渔夫打渔的场景。

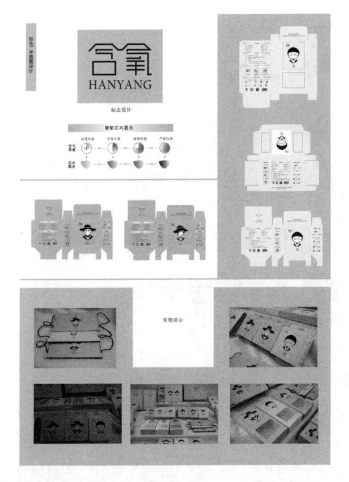

作品名称:"含氧"智能口罩包装设计

作者: 黄华美

设计说明:

　　"含氧"口罩包装设计运用了智能包装技术,对包装进行植入智能芯片的方法,使包装具有智能处理功能,智能芯片是通过检测空气中的 PM 值,智能芯片会发生颜色的变化,检测识别结果分为轻度污染(橙色)、中度污染(红色)、重度污染(紫色)和严重污染(暗红色)四种类别,并根据检测识别到的结果,显示在包装智能芯片上。最后智能芯片通过射频发送数据给口罩,口罩内的特殊分子接收智能芯片发送频率信号,特殊分子根据信号进行结构重组,调节至适合今天空气质量的最佳使用状态。

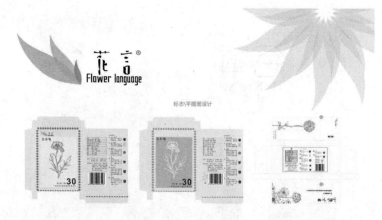

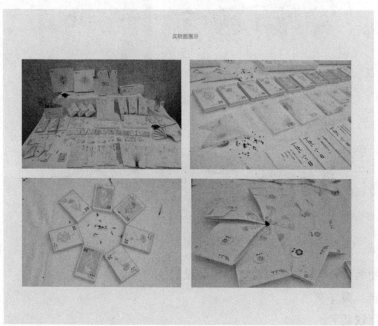

作品名称："花言"花卉种子系列化包装设计

作者：贾小丹

设计说明：

本包装，采用了信件与花卉结合的方式来表达情感特点，运用了信封与邮票做包装装潢设计，通过图形、文字、色彩和盒型等基本视觉要素来表达产品的主题特征。本作品通过信封和邮票的形式传递的不止是植物生命，更是一种让现代人"静下来、慢下来"的生活态度。

作品名称："光合作用"照明灯泡系列化包装设计

作者：劳永晔

设计说明：

本包装设计在标志上使用了传统的圆标作为主体形状，展现灯泡的造型，标志使用不同的圆形叠加的效果构成了一个具有现代科技感的图形。本包装的装饰图案主要元素为素描叶子图形。迎合品牌名称"光合作用"，将灯光与包装比喻为太阳光与植物结合，将二氧化碳转换为有机物。

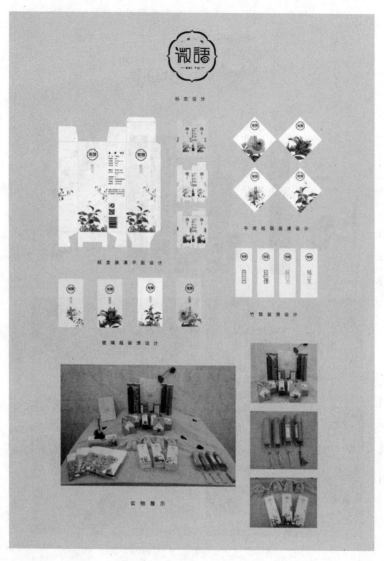

作品名称："微语"花茶系列化包装设计

作者：黎泽权

设计说明：

本包装设计在标志上，将汉字"微语"进行处理，用花瓣和花朵替换汉字笔画，用窗花作为标志的边框。在包装装潢上采用菊花、百合、玫瑰和桂花固有颜色为主题色和背景色，运用水彩的手法加以表现。以此来达到视觉和装潢上的统一性，使得包装的整体性不会过于死板单调，颜色上更加丰富。

作品名称："创艺包装"纸包装结构实验性设计

作者：李守成

设计说明：

纸包装结构实验性设计是一款通过折纸艺术进行设计的实验性包装设计，其定义不仅仅是一款包装，更是一款产品。创新点在于，通过折纸的形式进行包装设计，实现人与包装设计之间的交互性关系，在包装完成了其保护包裹的任务后，还可以作为一个折纸艺术品，供人把玩，还可以作为一个储存盒型，更减少了包装垃圾的来源，减少了包装污染。纸包装结构实验性设计通过折纸的相互交叉结构，在形态上实现了美观性，标志标签的粘贴，为单一色调的盒型画龙点睛，使得盒型更具美观性。

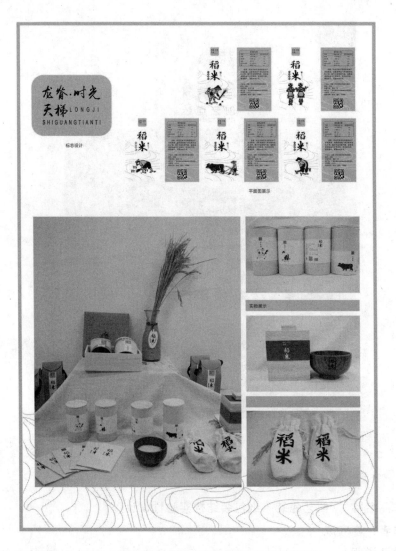

作品名称："龙脊·时光天梯"天然有机稻米包装设计

作者：邱章平

设计说明：

"稻米"二字作为整个包装设计的标志，在书写上笔画厚重且浓郁，凸显稻米的历史感和视觉的冲击感，"天然有机"作为辅助字体与品牌名称的字体一样，内敛且有张力。包装装潢上，以线条的形式表现梯田，使用壮族丰庆载歌少女与梯田结合作为主要装潢图形，采用耕作的场面表达产品"天然有机"的特点。结构上采用礼盒套装和罐装独立包装，方便携带。

作品名称："味道"香料系列化包装设计

作者：覃坤媛

设计说明：

　　本包装设计的标志设计，以"味道"两个汉字的字体为主题，结合勺子的形状，再加上字体手舞足蹈的动态肢体语言形成。产品名称的字体设计上统一将"八角、桂皮、茴香、花椒、辣椒、香叶"等字体图形化。而在色彩上使用被包装物香料的色彩，突出主题特征。

作品名称:"海滋味"海鲜干货包装系列化设计

作者:谭程允

设计说明:

"海滋味"海鲜干货包装设计在标志设计上采用虾的爪子、螃蟹的爪子、鱼的尾巴、贝类的外形作为图案的负型的元素,形成造型简洁的标志。在色彩上则使用海鲜产品通用的红色、黄色,并进行渐变处理。在包装装潢上利用素描的形式进行表现,让产品在包装上更能给人明确的产品特征,并让设计具有亲和力。

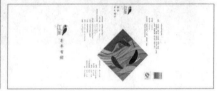

作品名称："红雀"手工饼干新年礼品包装设计

作者：杨恩初

设计说明：

　　本包装设计在图形元素上提炼了象征吉祥的鲤鱼、灯笼、窗花的形状，并设计出"年年有余""吉星高照""锦绣生花"等主题。在色彩上，运用偏灰的青蓝色流线型海浪与红色做对比强调画面效果。并用方形的画幅展现过年时门画的形象，烘托节日气氛。采用抽屉式的包装结构，让人们体会礼物慢慢展现时的惊喜与愉悦。

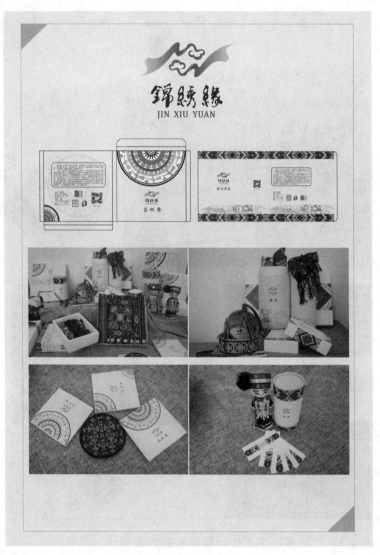

作品名称："锦绣缘"壮锦系列化包装设计

作者：杨耀波

设计说明：

"锦绣缘"壮锦包装设计图形元素主要以壮族纹样为主，壮锦图案艳丽、吉祥、稳重。用色大胆丰富，不拘一格，以红色、黄色、蓝色、绿色、粉色为主，再用其余色彩补色，形成对比。同时手提袋和方形盒子上还使用了铜鼓的纹样进行装潢设计。更加形象生动地体现出壮锦产地广西的地方文化特色。

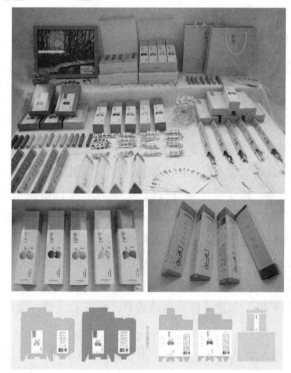

作品名称："食色"盲人无障碍包装设计

作者：俞月新

设计说明：

该设计是针对盲人设计的一组无障碍包装设计，引用伟大的盲人作家海伦凯勒事迹，书籍等来对盲人群体进行鼓舞。在包装字体上既进行了正常消费者可识别的字体设计，也使用了盲文字体，明确了消费群体。并在色彩上分为无色和有色两部分，通过两部分包装的对比，提醒人们爱护眼睛，不要过度用眼。

参考文献

[1] 韩荣. 包装意向. 上海：上海三联书店，2007.

[2] 林庚利，林诗健. 包装设计——给你灵感的全球最佳创意包装方案. 北京：中国青年出版社，2013.

[3] 潘公凯，卢辅圣. 现代设计大系——视觉传达设计. 上海：上海书画出版社，2000.

[4] 马克·汉普希尔，基斯·斯蒂芬森. 分众包装设计. 北京：中国青年出版社，2008.

[5] 故宫博物院. 清代宫廷包装艺术. 北京：紫禁城出版社，2002.

[6] 朱和平. 产品包装设计. 长沙：湖南大学出版社，2007.

[7] 张大鲁，吴钰. 包装设计基础与创意. 北京：中国纺织出版社，2006.

[8] 陈建溟. 六度空间的包装设计. 济南：山东美术出版社，2008.

[9] 苗红磊. 图形创意.济南：山东美术出版社，2007.

[10] 王汀. 版面构成. 广州：广东人民出版社，2002.

[11] 许平，潘林. 绿色设计. 南京：江苏美术出版社，2001.

[12] 道格拉斯·里卡尔迪. 食品包装设计. 常文心，译. 沈阳：辽宁科学技术出版社，2015.

[13] 谢孟吟. 礼品包装设计. 贺丽，宋佳鑫，译. 沈阳：辽宁科学技术出版社，2013.

[14] 比尔·斯图尔特. 包装设计培训教程. 张益旭，等，译.上海：人民美术出版社，2009.

[15] 凌继尧，徐恒醇. 艺术设计学. 上海：上海人民出版社，2002.